식용버섯에서 약용버섯까지 총망라한 버섯도감

한국의 버섯

2015년 4월 25일 초판 1쇄 인쇄
2018년 9월 25일 초판 3쇄 발행

엮은이 | 자연과 함께하는 사람들
발행인 | 김동석
펴낸곳 | 문학사계

주 소 | 121-886 서울특별시 마포구 합정동 427-6, 2층
전 화 | 02-3143-2661
팩 스 | 02-3143-2667
등록번호 제2010-000018호 / 2010년 4월 5일
이메일| mhmade@naver.com

ISBN 979-11-85825-37-3
　　　979-11-85825-47-2(세트)
· 2018 문학사계 Inc.
Printed in Seoul, Korea

· 이 책의 글과 사진은 저작권의 보호를 받고 있습니다.
· 잘못 만들어진 책은 구입하신 곳에서 교환하여 드립니다.

한국의 버섯

The Mushroom of Korea

엮은이·자연과 함께하는 사람들

문학사계

일러두기

1. 본문은 식용버섯 및 독버섯 두 개의 chapter로 구성되었으며, 버섯에 대한 이해를 돕고자 식용은 물론, 약용 부분을 함께 기재하였습니다.
2. 버섯은 생장과정과 생육환경에 따라 변화가 심합니다. 그렇기에 사진이 실물과 다를 수 있습니다. 되도록 식별이 용이한 사진을 수록하기 위해 노력하였으며, 본문의 여러 사진은 이미지 사이트인 123.RF, IMASIA와 계약한 것임을 밝힙니다.
3. 일반 독자에게 생소하거나 어려운 버섯 용어는 되도록 쉽게 설명하고자 노력하였습니다.

머리말

 버섯은 삼국시대부터 이용해 왔다. 김부식의 삼국사기에 '지상에 나는 버섯'과 '나무에 나는 버섯'이 언급되어 있으며, 허준의 동의보감에는 목이, 표고, 송이, 느타리, 능이_향버섯 등이 소개되어 있다. 현재 국내에 자생하는 버섯류는 1,100여 종이 조사 확인되었다. 그 중에서 식용버섯은 약 300종으로 밝혀졌으나, 이러한 식용 가능한 버섯 중에서 오래 전부터 식용으로 이용한 자연산 버섯은 20~30여 종 뿐이었다.

 그 예로서 능이_향버섯은 말린 다음 방에 두면 그 향이 온 집안에 은은하게 퍼지고, 특히 육류를 먹고 체했을 때 능이버섯을 삶아 먹으면 잘 나았다고 하며, 표고버섯은 감기에 걸렸을 때 이용하였다.

 그 외에 송이, 갓버섯, 싸리버섯, 달걀버섯, 꾀꼬리버섯, 밤버섯, 목이 등이 대표적인 식용 버섯이라 할 수 있다.

그리고 우리나라에 자생하는 독버섯은 현재까지 약 90여 종 이상 밝혀졌으며, 그 중에서 한두 개만 먹어도 치사량에 도달하는 대표적인 맹독성 독버섯인 독우산광대버섯이 전국 산간지역 어디에서나 발생하고 있다.

　따라서 매년 국내에서 독버섯을 잘못 알고 먹어 중독되는 사고가 빈번히 일어나고 있다. 이와 같은 현상은 독버섯과 식용버섯을 구별할 수 있는 일반적인 방법이 전혀 없는데도 불구하고, 대부분의 사람들이 식용버섯과 독버섯을 쉽게 구별할 수 있고, 독버섯을 구별할 수 있는 방법을 알고 있다고 믿고 있기 때문이다.

　식용버섯과 독버섯 구별하는 세간의 속설을 소개하면 다음과 같다.

좌측으로부터 뽕나무버섯, 기와버섯,
외대덧버섯, 꽃송이버섯(식용버섯)

식용 가능한 버섯이란?

- 색깔이 화려하지 않고 원색이 아닌 것.
- 세로로 잘 찢어지는 것.
- 대에 띠가 있는 것.
- 곤충이나 벌레가 먹은 것.
- 은수저를 넣었을 때 색이 변하지 않는 것.
- 버섯에서 유액이 나오는 것.
- 가지 또는 들기름을 넣고 요리를 하면 독버섯도 먹을 수 있다.

좌측으로부터 광대버섯, 노란개암버섯,
마귀곰보버섯, 솔땀버섯(독버섯)

독버섯이란?

- 색깔이 화려하고 원색인 것.
- 세로로 잘 찢어지지 않는 것.
- 대에 띠가 없는 것.
- 곤충이나 벌레가 먹지 않는 것.
- 은수저를 넣었을 때 색깔이 변하는 것.

 하지만 위의 내용은 전혀 근거가 없는 속설이라는 것을 꼭 알아두어야 한다. 이 책은 식용버섯을 잘 식별할 수 있도록 식용버섯의 특징을 상세히 수록하였다. 독자에게 많은 도움이 있기를 바란다.

엮은이 자연을 담는 사람들

차례

PART 1 식용버섯

말불버섯 • 16
가시말불버섯 • 18
좀말불버섯 • 20
목장말불버섯 • 22
댕구알버섯 • 24
말징버섯 • 26
곰보버섯 • 28
끈적긴뿌리버섯 • 30
달걀버섯 • 32
노란달걀버섯 • 34
흰달걀버섯 • 36
잿빛만가닥버섯 • 38
땅찌만가닥버섯 • 39
연기색만가닥버섯 • 40
풀버섯 • 42
가시갓버섯 • 43
큰갓버섯 • 44
우산버섯 • 46
고동색우산버섯 • 48
무리우산버섯 • 50
망태버섯 • 52

노란망태버섯 • 54
말뚝버섯 • 56
꾀꼬리버섯 • 58
깔때기꾀꼬리버섯 • 59
붉은꾀꼬리버섯 • 60
느타리 • 62
산느타리 • 64
노랑느타리 • 65
표고버섯 • 66
팽나무버섯 • 68
나도팽나무버섯 • 70
뽕나무버섯 • 72
뽕나무버섯부치 • 74
비늘버섯 • 76
금빛비늘버섯 • 78
검은비늘버섯 • 80
능이 • 82
송이 • 84
양송이 • 86
땅송이 • 87
새송이 • 88

쓴송이 • 89
목이 • 90
흰목이 • 92
털목이 • 94
좀목이 • 96
혓바늘목이 • 97
꽃흰목이 • 98
졸각버섯 • 100
자주졸각버섯 • 102
보라발졸각버섯 • 104
노란주걱혀버섯 • 106
소혀버섯 • 108
나팔버섯 • 110
황금뿔나팔버섯 • 112
뿔나팔버섯 • 114
깔때기버섯 • 116
하늘색깔때기버섯 • 118
조각무당버섯 • 120
청머루무당버섯 • 122
푸른주름무당버섯 • 124
홍색애기무당버섯 • 126

가지무당버섯 • 128
혈색무당버섯 • 130
싸리버섯 • 132
좀나무싸리버섯 • 134
붉은창싸리버섯 • 136
자주싸리국수버섯 • 137
흰국수버섯 • 138
자주국수버섯 • 140
가죽밤그물버섯 • 142
가지색그물버섯 • 144
갈색산그물버섯 • 146
비단그물버섯 • 148
황소비단그물버섯 • 150
큰비단그물버섯 • 152
젖비단그물버섯 • 154
붉은비단그물버섯 • 155
황금비단그물버섯 • 156
접시껄껄이그물버섯 • 158
털귀신그물버섯 • 160
마른그물버섯 • 162
피젖버섯 • 164

넓은갓젖버섯 • 165
젖버섯아재비 • 166
붉은젖버섯 • 168
갈색쥐눈물버섯 • 170
두엄먹물버섯 • 172
재두엄먹물버섯 • 174
노랑쥐눈물버섯 • 175
큰눈물버섯 • 176
다색벚꽃버섯 • 178
콩나물애주름버섯 • 180
큰마개버섯 • 182
밤버섯 • 184
난버섯 • 186
노란난버섯 • 188
솔버섯 • 190
턱수염버섯 • 192
보라끈적버섯 • 194
풍선끈적버섯 • 196
진흙끈적버섯 • 198
민자주방망이버섯 • 200
굴털이버섯 • 202

벌집구멍장이버섯 • 204
꽃송이버섯 • 206
잔나비불로초 • 208
말똥진흙버섯 • 210
붉은덕다리버섯 • 212
불로초_영지버섯 • 214
말굽버섯 • 216
노루궁뎅이버섯 • 220
산호침버섯 • 222
기와버섯 • 224
구름송편버섯_운지버섯 • 226
콩꼬투리버섯 • 228
까치버섯 • 230
먼지버섯 • 232
밀버섯 • 234
잎새버섯 • 236
차가버섯 • 238
잣버섯 • 240
침버섯 • 242
치마버섯 • 244
한입버섯 • 246

독청버섯아재비 • 248

PART 2 독버섯

광대버섯 • 252
화경버섯 • 253
개나리광대버섯 • 254
목장말똥버섯 • 255
마귀광대버섯 • 256
주름우단버섯 • 257
독우산광대버섯 • 258
검은말똥버섯 • 259
알광대버섯 • 260
턱받이광대버섯 • 261
흰가시광대버섯 • 262
회흑색광대버섯 • 263
뱀껍질광대버섯 • 264
파리버섯 • 265
노란다발버섯 • 266
가는대눈물버섯 • 267
냄새무당버섯 • 268
붉은사슴뿔버섯 • 269
노랑무당버섯 • 270
점박이어리알버섯 • 271
흰무당버섯아재비 • 272
붉은싸리버섯 • 273
히얀땀버섯 • 274
황금싸리버섯 • 275
넓은솔버섯 • 276
노랑싸리버섯 • 277
애기무당버섯 • 278
흙무당버섯 • 279
붉은꼭지버섯 • 280
노란꼭지버섯 • 281
흰꼭지버섯 • 282
흰독큰갓버섯 • 283
애우산광대버섯 • 284
긴골광대버섯아재비 • 285

Chapter 1
식용버섯

말불버섯

균심균류 | 말불버섯목 | 말불버섯과

주로 장마철부터 발생하지만 초봄과 늦가을에도 심심찮게 발견된다. 사람의 생활권에서도 쉽게 볼 수 있는, 막대기로 탁 치면 포자가 연기처럼 솟구치는 재미있는 버섯이다. 육질은 흰색으로 전체가 마시맬로 같은 질감이다. 반으로 잘라 유균이 백색일 때 표피를 벗겨 꼬치구이로 먹기도 하지만 조금이라도 색이 변했다면 먹을 수 없다.

발생 시기 여름~가을 **발생 장소** 숲속의 부식토, 풀밭 **발생 형태** 단생, 군생 **갓의 지름** 2~5cm **갓의 모양** 구형 **갓의 표면** 백색~황갈색 **갓의 점성** 없음 **대의 높이** 없음 **대의 모양** 없음 **대의 표면** 없음 **식용 여부** 식용, 약용

Lycoperdon perlatum

식용버섯 | 17

가시말불버섯

균심균류 | 말불버섯목 | 말불버섯과

발생지역에 따라 가시의 색깔 및 형태 변화가 크다. 자실체는 구형 또는 서양배형이며, 포자가 생기지 않는 기부는 잘록한 원주형이다. 갓머리에 돋는 가시는 밤송이만큼 꽤 단단해서 자칫 찔리기라도 하면 따끔할 정도로 아프다. 그러나 성숙하면서 가시는 모두 빠진다. 내부조직이 말라서 가루가 되기 전까지 먹어도 무방하지만 그다지 맛은 없다.

발생 시기 여름~가을 **발생 장소** 숲의 나무나 톱밥 위 **발생 형태** 단생, 군생 **갓의 지름** 2~5cm **갓의 모양** 구형 **갓의 표면** 백색~황갈색 **갓의 점성** 없음 **대의 높이** 없음 **대의 모양** 없음 **대의 표면** 없음 **식용 여부** 식용, 약용

좀말불버섯

균심균류 | 말불버섯목 | 말불버섯과

공 모양, 달걀 모양, 팽이 모양 등 개체의 편차가 크다. 땅에서 발생하는 말불버섯과는 달리 혼합림의 그루터기 또는 썩은 나무 위에서 발생한다. 유균일 때는 백색이지만 나중에 황갈색 또는 회갈색을 띠기도 한다. 찐빵 같은 유균을 식용한다. 다 자라 옅은 갈색을 띠면 맛이 없을 뿐 아니라, 미량의 독이 생겨서 위험하다. 맛은 말불버섯과 거의 비슷하다.

발생 시기 여름~가을 **발생 장소** 침엽수의 고목 위 **발생 형태** 산생, 군생 **갓의 지름** 2~4cm **갓의 모양** 구형~서양배형 **갓의 표면** 백색~회갈색 **갓의 점성** 없음 **대의 높이** 없음 **대의 모양** 없음 **대의 표면** 없음 **식용 여부** 식용

Lycoperdon pyriforme

식용버섯 | 21

목장말불버섯

균심균류 | 말불버섯목 | 말불버섯과

 골프장 잔디를 악화 또는 약화시키는 해균으로 악명 높다. 유균일 때 생기는 알갱이 모양의 작은 가시는 비가 오면 씻겨 나간다. 보기에 푹신거릴 것 같지만 의외로 탄력이 있고 단단하다. 성숙하면 구멍이 뚫리며 포자들이 먼지처럼 쏟아져 나온다. 여러 도감에는 찹쌀떡 같은 유균을 식용한다고 기록되어 있지만 아무래도 식용 부적합에 가깝다.

발생 시기 여름~가을 **발생 장소** 숲, 풀밭, 잔디밭 **발생 형태** 산생, 군생 **갓의 지름** 1~3cm **갓의 모양** 구형~서양배형 **갓의 표면** 백색~황갈색 **갓의 점성** 없음 **대의 높이** 없음 **대의 모양** 없음 **대의 표면** 없음 **식용 여부** 식용(또는 비식용)

댕구알버섯

균심균류 | 말불버섯목 | 말불버섯과

마치 타조알과 배구공을 연상케 하는 버섯이다. 큰 것은 지름 60cm에 달하는 것도 있다. 스폰지처럼 보이지만 탄력이 있어서 손가락으로 건드리면 통통 소리가 난다. 속이 순백인 유균을 식용하는데, 유럽에서는 버터로 구워 내 빵에 끼워 먹는다고 한다. 성숙하면 표피가 다갈색으로 변하고 포자를 날리다가 마지막엔 아무것도 남기지 않고 사라져버린다.

발생 시기 여름~가을 **발생 장소** 초지, 정원 **발생 형태** 단생, 산생 **갓의 지름** 15~40cm **갓의 모양** 구형 **갓의 표면** 백색~갈색 **갓의 점성** 없음 **대의 높이** 없음 **대의 모양** 없음 **대의 표면** 없음 **식용 여부** 식용

Lanopila nipponica

식용버섯 | 25

말징버섯

균심균류 | 말불버섯목 | 말불버섯과

　이따금 어른 손바닥 보다 큰 것도 만날 수 있다. 갓 구운 식빵이나 단팥빵처럼 보여서 식빵버섯, 스티로폼 버섯, 뇌버섯 등의 다양한 별명을 갖고 있다. 성숙하면 자실체 전체에서 노란 포자를 분출하는데, 이 과정에서 심한 악취를 풍긴다. 표피가 흰색인 어렸을 때만 식용할 수 있다. 아주 좋은 국물이 나오기 때문에 중화요리의 재료로 자주 사용한다.

발생 시기 여름~가을 **발생 장소** 숲속의 부식토, 풀밭 **발생 형태** 단생, 군생 **갓의 지름** 4~10cm **갓의 모양** 머리모양형~식빵형 **갓의 표면** 갈색~황갈색 **갓의 점성** 없음 **대의 높이** 없음 **대의 모양** 없음 **대의 표면** 없음 **식용 여부** 식용, 약용

곰보버섯

균심균류 | 곰보버섯속 | 곰보버섯과

갓머리가 호두껍질 또는 울퉁불퉁한 그물 모양이다. 겨울이 끝날 무렵 발생하기 때문에 초봄 무렵에만 볼 수 있다. 산속보다는 정원수가 많은 땅 위에서 나며, 표고버섯과 비슷한 향기에 쇠고기 국물이 섞인 듯한 독특한 맛이 난다. 미량의 독성이 있으므로 조리 시 반드시 데쳐서 조리해야 한다. 날 것을 그대로 먹거나 술과 함께 섭취하는 것은 금물이다.

발생 시기 4~5월 **발생 장소** 활엽수림 **발생 형태** 산생 또는 소수 군생 **갓의 지름** 2~6cm **갓의 모양** 원추형 **갓의 표면** 황갈색 **갓의 점성** 없음 **대의 높이** 4~5.5cm **대의 모양** 원통형 **대의 표면** 황갈색 **식용 여부** 식용

Morchella esculenta

식용버섯 | 29

끈적긴뿌리버섯

균심균류 | 긴뿌리버섯속 | 송이과

    벚나무나 활엽수의 고목 또는 고그루터기 등에서 소수 속생하거나 무리 지어 발생한다. 어릴 때는 만두형이었다가 시간이 지날수록 편평형이 된다. 갓 표면은 상아색에 가까운 백색을 띠며, 습할 경우 점성이 있는 젤라틴질이 형성된다. 매우 아름다운 식용버섯으로 좋은 냄새와 부드러운 맛을 즐길 수 있지만 아쉽게도 금세 녹아 내리는 습성을 지녔다.

발생 시기 여름~가을 **발생 장소** 활엽수의 고목 **발생 형태** 군생 **갓의 지름** 2~8cm **갓의 모양** 반구형 **갓의 표면** 상아색 **갓의 점성** 있음(습할 때) **대의 높이** 3~6.5cm **대의 모양** 원통형 **대의 표면** 백색~회갈색 **식용 여부** 식용

Oudemansiella mucida

식용버섯 | 31

달걀버섯

균심균류 | 광대버섯속 | 광대버섯과

여름을 알리는 대표적인 식용버섯이다. 달걀 모양으로 주머니 속에 싸여 있다가 위쪽으로 솟아 나온다. 갓 표면은 적황색 또는 등황색이고 대는 성장하면서 뱀 껍질처럼 변한다. 색이 화려해서 독버섯이라고 생각하겠지만 맛 좋은 식용버섯이다. 유럽에서는 '카이사르' 즉, 버섯의 제왕으로 부른다. 비슷하게 생긴 광대버섯은 맹독성 버섯이므로 주의해야 한다.

발생 시기 여름~가을 **발생 장소** 활엽수림, 혼합림 **발생 형태** 단생, 산생 **갓의 지름** 6~18cm **갓의 모양** 반구형~편평형 **갓의 표면** 적황색~등황색 **갓의 점성** 있음(습할 때) **대의 높이** 5~8cm **대의 모양** 원통형 **대의 표면** 등황색~황색 **식용 여부** 식용

노란달걀버섯

균심균류 | 광대버섯속 | 광대버섯과

달걀버섯과 색만 다르고 달걀버섯보다 발생 빈도수는 낮다. 5~15cm인 갓은 난형 또는 반구형에서 편평형이 되며 가운데가 볼록하다. 표면은 황색 또는 등황색으로 가장자리에 뚜렷한 방사상의 선이 있다. 육질형이어서 데친 후 양념에 볶으면 쇠고기 볶음보다 더 맛있다. 맹독 버섯인 개나리광대버섯과 모양이 비슷하니 각별한 유의가 필요하다.

발생 시기 여름~가을 **발생 장소** 침엽수림, 활엽수림내의 땅위 **발생 형태** 단생, 산생 **갓의 지름** 3~15cm **갓의 모양** 반구형~편평형 **갓의 표면** 황색~담황색 **갓의 점성** 있음 **대의 높이** 5~8cm **대의 모양** 원통형 **대의 표면** 담황색 **식용 여부** 식용

흰달걀버섯

균심균류 | 광대버섯속 | 광대버섯과

표피를 벗으면 영락없이 껍질을 벗긴 삶은 달걀이다. 장마가 시작되기 전부터 매우 드물게 발생한다. 유균일 때는 미색이었다가 점차 백색이 되며 달걀버섯, 노란달걀버섯과 비교해 백색이란 점만 다르다. 만져 보면 의외로 육질이 두꺼워서 씹는 맛이 좋고 풍부한 맛이 일품이다. 맹독버섯인 독우산광대버섯과 비슷하니 주의를 요한다.

발생 시기 여름~가을 **발생 장소** 숲속의 부식토, 풀밭 **발생 형태** 단생, 군생 **갓의 지름** 2~5cm **갓의 모양** 구형 **갓의 표면** 백색~황갈색 **갓의 점성** 없음 **대의 높이** 없음 **대의 모양** 없음 **대의 표면** 없음 **식용 여부** 식용, 약용

Amanita javanica

식용버섯 | 37

잿빛만가닥버섯

균심균류 | 만가닥버섯속 | 만가닥버섯과

큰 것은 갓 지름이 20cm가 넘기도 한다. 참나무 숲의 지상 또는 도로변, 정원, 화전지에서 군생한다. 종종 지하에 매몰된 목재 위에서 발생하는 경우도 있다. 채취 기간이 제법 길지만 발생량이 적은 편이라서 많이 채취 할 수는 없다. 쫄깃하고 맛이 좋은 식용버섯이라서 인공재배를 하기도 한다. 체질에 따라 가벼운 복통이나 설사 등 중독을 일으킬 수 있다.

발생 시기 여름~가을 **발생 장소** 참나무 숲 **발생 형태** 속생, 군생 **갓의 지름** 2~5cm **갓의 모양** 반구형 **갓의 표면** 회갈색~회색 **갓의 점성** 없음 **대의 높이** 3~8cm **대의 모양** 원통형 **대의 표면** 백색~회색 **식용 여부** 식용

땅찌만가닥버섯

균심균류 | 만가닥버섯속 | 만가닥버섯과

송이버섯이 향기의 왕이라면 이 버섯은 맛의 왕이다. 늦가을에 혼합림 내에 단생 또는 군생하는 외생균근성 버섯이다. 갓은 지름 2~8cm로 반구형에서 편평형이 된다. 갓 표면은 회갈색이나 담회갈색이고 갓 끝은 말린형이다. 조직은 백색으로 치밀하다. 일본에서 향은 '송이', 맛은 '땅지'라고 하여 최고의 맛으로 치는 아주 맛 좋은 대표적인 식용버섯이다.

발생 시기 가을 **발생 장소** 참나무 숲 **발생 형태** 군생 **갓의 지름** 3~8cm **갓의 모양** 반구형~편평형 **갓의 표면** 회갈색~암회색 **갓의 점성** 없음 **대의 높이** 3~8cm **대의 모양** 원통형 **대의 표면** 백회색~회갈색 **식용 여부** 식용

연기색만가닥버섯

균심균류 | 만가닥버섯속 | 만가닥버섯과

참나무가 있는 혼합림 속의 땅 위에서 수십 개의 침 같은 갓이 나오며 성장한다. 갓은 굵은 기부에서 가지를 친 많은 대 위에 붙고, 반구형을 거쳐 편평하게 된다. 땅찌만가닥버섯과 마찬가지로 드물게 발생하는 희귀종이다. 맛이 부드럽고 씹는 맛이 좋은 식용버섯이며, 송이처럼 매년 같은 자리에서 발생하므로 장소를 잘 알아두면 채집하기가 수월해진다.

발생 시기 여름~가을 **발생 장소** 참나무 숲 **발생 형태** 산생, 소수 군생 **갓의 지름** 3~8cm **갓의 모양** 반구형 **갓의 표면** 갈색~암갈색 **갓의 점성** 있음 **대의 높이** 4~6cm **대의 모양** 원통형 **대의 표면** 회백색 **식용 여부** 식용

풀버섯

균심균류 | 주름버섯목 | 난버섯과

고온다습한 날씨에 썩은 볏짚, 퇴비나 그 주위의 땅에서 다수 군생한다. 단맛이 나고 부드러우며 한번 끓이면 국물이 엄청 나온다. 다른 채소류 등과 함께 볶거나, 식감이 포인트이기에 생으로 먹어도 아주 맛있는 버섯이다. 하지만 고약한 향취가 있어서인지 호불호가 갈린다. 볏짚에서 재배된다고 '볏짚버섯', 버섯의 모양을 두고 '숫총각버섯'이라고 부른다.

발생 시기 봄~가을 **발생 장소** 썩은 볏짚 더미, 퇴비 주변 **발생 형태** 다발 군생 **갓의 지름** 5~10cm **갓의 모양** 종형~편평형 **갓의 표면** 회갈색-흑갈색 **갓의 점성** 없음 **대의 높이** 4~14cm **대의 모양** 원통형 **대의 표면** 백색~담황갈색 **식용 여부** 식용

가시갓버섯

균심균류 | 주름버섯목 | 갓버섯과

식용 가치는 적다. '소름우산버섯'이라고도 하고 일본에서는 '도깨비버섯'이라고 부른다. 풀숲의 쓰레기 위나 정원, 공원의 길가에서 발생한다. 갓 표면은 담갈색 또는 황갈색이며 오돌톨한 돌기로 덮여 있다. 주름살은 꽤 빽빽한 편이다. 육질이 얇고 무미 무취인데다 설사나 식중독 위험이 있으니 가급적 식용하지 않는 것이 좋다.

발생 시기 여름~가을 **발생 장소** 숲, 풀밭, 길가 **발생 형태** 군생 **갓의 지름** 6~10cm **갓의 모양** 산형~편평형 **갓의 표면** 황갈색 **갓의 점성** 없음 **대의 높이** 8~10cm **대의 모양** 원통형 **대의 표면** 백색, 연한 갈색 **식용 여부** 식용(비추천)

큰갓버섯

균심균류 | 주름버섯목 | 갓버섯과

 큰 키에 큰 갓머리, 마치 동화 속에서나 나올 것 같은 모양새다. 갓 무게를 견디지 못하고 쓰러지는 경우도 흔하다. 갓은 처음에 달걀 모양이었다가 나중에 편평하게 펴진다. 냄새도 거의 없고 건조하면 독특한 국물을 얻을 수 있지만, 생식하면 중독을 일으킨다. 갓버섯류와 비슷한 독버섯이 많기에 채취 할 때는 주의를 기울여야 한다.

발생 시기 여름~가을 **발생 장소** 숲, 풀밭, 퇴비더미 **발생 형태** 단생 **갓의 지름** 5~30cm **갓의 모양** 종형~편평형 **갓의 표면** 백색~담황색 **갓의 점성** 없음 **대의 높이** 5~30cm **대의 모양** 원통형 **대의 표면** 백색~갈색 **식용 여부** 식용

Macrolepiota procera

식용버섯 | 45

우산버섯

균심균류 | 주름버섯목 | 광대버섯과

학처럼 목이 길다고 북한에서는 '학버섯'이라고 부른다. 여름부터 가을까지 침엽수림 또는 혼합림 숲속에서 단생 혹은 산생한다. 비교적 얇고 육질형이며, 맛과 향기는 부드럽다. 하지만 체질에 따라 위장 장애를 일으킬 수 있고, 턱받이광대버섯 같은 독버섯과 비슷하기 때문에 확실치 않은 경우에는 먹지 않는 것이 좋다.

발생 시기 여름~가을 **발생 장소** 잡목림, 침엽수림 **발생 형태** 산생, 소수 군생 **갓의 지름** 5~10cm **갓의 모양** 종형~편평형 **갓의 표면** 황갈색 **갓의 점성** 없음 **대의 높이** 8~15cm **대의 모양** 원통형 **대의 표면** 유백색~황갈색 **식용 여부** 식용

Amanita voginata

식용버섯 | 47

고동색우산버섯

균심균류 | 주름버섯목 | 광대버섯과

 활엽수림 또는 침엽수림내에서 발생하며, 드물게는 풀밭이나 초원에서도 산생한다. 생김새가 우산버섯과 갓과 대의 색깔만 다르다. 갓은 처음엔 종모양이었다가 편평형이 되며, 밑으로 주름살이 백색으로 빽빽하게 들어찬다. 식용버섯이지만 미량의 유독 성분이 있어서 생식하면 위장장애를 일으킨다. 광대버섯과이므로 식용할 때는 신중하게!

발생 시기 여름~가을 **발생 장소** 잡목림, 침엽수림 **발생 형태** 산생, 군생 **갓의 지름** 5~10cm **갓의 모양** 종형~편평형 **갓의 표면** 황갈색 **갓의 점성** 있음(습할 때) **대의 높이** 8~15cm **대의 모양** 원통형 **대의 표면** 유백색~황갈색 **식용 여부** 식용

식용버섯 | 49

무리우산버섯

균심균류 | 주름버섯목 | 독청버섯과

봄부터 가을까지 죽은 나무나 그루터기에 속생하는 목재부후균이다. 주위가 젖거나 습할 때 점액이 생긴다. 식용버섯이지만 독성이 있다는 보고도 있으므로 주의해야 한다. 또, 맹독성인 노란다발버섯 매우 흡사하게 생겼다. 둘 다 나무 위에서 나는 버섯이고, 왠만해서는 육안으로 구별할 수 없기 때문에 함부로 먹지 않는 것이 좋을지도 모른다.

발생 시기 봄~가을 **발생 장소** 죽은 나무나 줄기, 그루터기 **발생 형태** 속생 **갓의 지름** 3~6㎝ **갓의 모양** 반구형~편평형 **갓의 표면** 황갈색 **갓의 점성** 있음(습할 때) **대의 높이** 3~8㎝ **대의 모양** 원통형 **대의 표면** 황갈색~흑갈색 **식용 여부** 식용

노란다발버섯

망태버섯

균심균류 | 주름버섯목 | 말뚝버섯과

사람들이 왜 '여왕버섯'이라고 부르는지 한번 보게 되면 안다. 장마철과 가을, 1년에 딱 두 번 대나무 숲에서 발생한다. 망사 모양의 순백색 망태가 갓의 기본체이며, 밖으로는 두꺼운 젤라틴이 둘러싸여 있다. 특유의 분취가 있지만, 깊은 맛의 풍미를 맛보게 해주는 버섯이다. 중국과 프랑스에서 고급 식재료로 대우하며, 일본에서는 건조한 상품을 백화점에서 판매한다.

발생 시기 여름~가을 **발생 장소** 대나무 숲 **발생 형태** 산생, 소수 군생 **갓의 지름** 3~5cm **갓의 모양** 종형 **갓의 표면** 백색~연황색 **갓의 점성** 있음 **대의 높이** 10~20cm **대의 모양** 원통형 **대의 표면** 순백색 **식용 여부** 식용

노란망태버섯

균심균류 | 주름버섯목 | 말뚝버섯과

운이 좋아야 몇 년에 한번 볼까 말까 할 정도로 희귀한 버섯이다. 대나무숲에서만 나는 망태버섯과는 다르게 산에서도 발생한다. 망태 색상이 노란색인 점을 제외하고는 망태버섯과 비슷하다. 개체가 성숙하면 그물의 융기가 녹으면서 암모니아와 사향 섞은 것 같은 냄새를 풍긴다. 악취가 심하고 설사로 고생했다는 사람도 있지만, 산의 진미를 알게 해주는 버섯이다.

발생 시기 여름~가을 **발생 장소** 혼합림, 대나무숲 **발생 형태** 산생, 소수 군생 **갓의 지름** 3~5cm **갓의 모양** 종형 **갓의 표면** 백색~연황색 **갓의 점성** 있음 **대의 높이** 10~20cm **대의 모양** 원통형 **대의 표면** 순백색~연황색 **식용 여부** 식용

말뚝버섯

균심균류 | 주름버섯목 | 말뚝버섯과

　망태버섯에서 흰 망토를 제거하면 바로 이 모습일 것이다. 남성의 성기를 닮아서인지 학명 역시 '뻔뻔한 성기'라는 뜻이다. 악취가 지독해 한번 맡으면 식욕 따위는 그 자리에서 바로 사라져 버린다. 갓을 제거한 손잡이 부분을 식용하는데, 식감도 그렇고 손질한 품새가 해삼과 비슷해서 중국에서는 수프에 곧잘 이용한다.

발생 시기 여름~가을 **발생 장소** 숲속이나 정원, 부식질의 땅 **발생 형태** 산생, 소수 군생 **갓의 지름** 9~15cm **갓의 모양** 종형 **갓의 표면** 백색~담황색 **갓의 점성** 있음 **대의 높이** 5~10cm **대의 모양** 원주형 **대의 표면** 백색 **식용 여부** 식용

Phallus impudicus

식용버섯 | 57

꾀꼬리버섯

균심균류 | 주름버섯목 | 꾀꼬리버섯과

여름부터 가을에 걸쳐 혼합림 내의 지상에서 군생 또는 산생한다. '오이꽃버섯', '살구버섯'이라고도 부른다. 씹으면 은은한 살구 향이 입 안을 감도는데, 이 향 때문에 유럽인들이 아주 좋아한다. 채취할 때는 표면이 매끄럽고 선명한 황색을 띤 것이 좋다. 비슷하게 생긴 '꾀꼬리큰버섯'은 독버섯이므로 피하는 것이 상책이다.

발생 시기 여름~가을 **발생 장소** 혼합림 **발생 형태** 산생, 소수 군생 **갓의 지름** 3~9cm **갓의 모양** 반구형~깔때기형 **갓의 표면** 황색 **갓의 점성** 없음 **대의 높이** 1.5~7cm **대의 모양** 원통형 **대의 표면** 연황색 **식용 여부** 식용

Cantharellus cibarius

깔때기꾀꼬리버섯

균심균류 | 주름버섯목 | 꾀꼬리버섯과

요즘엔 '깔때기뿔나팔버섯'이라고 부른다. 가을로 접어드는 9월부터 숲 속의 땅 위에서 군생 또는 단생한다. 지름 2~5cm로 꾀꼬리버섯보다 작은 편이며, 자실체 가운데에 오목하게 깔때기 형태로 구멍이 나 있다. 향기와 맛이 좋아 전 세계 사람들이 좋아하는 버섯이지만, 소형이라 모을 때 고생해야 한다.

발생 시기 가을 **발생 장소** 혼합림 **발생 형태** 산생, 소수 군생 **갓의 지름** 2~4cm **갓의 모양** 굽은형 **갓의 표면** 갈회색~황갈색 **갓의 점성** 없음 **대의 높이** 3~6cm **대의 모양** 주름형, 납작형 **대의 표면** 진황색 **식용 여부** 식용

붉은꾀꼬리버섯

균심균류 | 주름버섯목 | 꾀꼬리버섯과

아름다운 홍색의 버섯이다. 뒤집어 보면 꾀꼬리버섯과 아주 흡사하다. 여름부터 가을까지 숲속의 땅 위에서 단생 또는 군생한다. 다 자라면 4cm 정도로 생각보다 제법 크다. 채취할 때는 거의 나지 않다가 시간이 지날수록 강한 살구 향기가 맴돈다. 맛있는 식용버섯으로 육질이 부드러운 반면, 강한 찰기가 있다.

발생 시기 여름~가을 **발생 장소** 숲속의 땅 **발생 형태** 단생, 군생 **갓의 지름** 1~4cm **갓의 모양** 평반구형~편평형 **갓의 표면** 적색~등적색 **갓의 점성** 없음 **대의 높이** 1.5~4cm **대의 모양** 원통형 **대의 표면** 적색, 등적색 **식용 여부** 식용

느타리

균심균류 | 주름버섯목 | 느타리과

균사는 추위에 강해서 영하 20℃에서도 견딜 수 있다. 가까이 다가가면 야생버섯 특유의 맑은 향기가 코를 찌른다. 표면에 짧은 털이 나 있으며, 갓은 비교적 편평하게 연다. 그러나 형태는 한결 같지 않고 조개형, 물결형, 깔때기형 등 개체마다 제 각각의 모습으로 자라난다. 두툼하고 탄력이 있으며, 씹는 맛이 좋아 다양한 요리에 사용하는 버섯이다.

발생 시기 늦가을~이듬해 봄 **발생 장소** 침엽수, 활엽수의 고사목 **발생 형태** 군생 **갓의 지름** 5~15cm **갓의 모양** 조개껍질형 **갓의 표면** 황갈색~회갈색 **갓의 점성** 없음 **대의 높이** 1~3cm **대의 모양** 원통형 **대의 표면** 백색 **식용 여부** 식용, 약용

Pleurotus ostreatus

산느타리

균심균류 | 주름버섯목 | 느타리과

느타리를 얇고 작게 만든 것으로 보면 된다. 하지만 느타리보다 색상은 더 밝다. 장마와 더불어 발생하는데, 발견하면 소박하고 깨끗한 자태에 탄성이 절로 나오게 된다. 미세한 털로 뒤덮여 있는 표면은 처음엔 백색이었다가 레몬 색으로 변한다. 갓은 만두 모양에서 성장하면서 조개형이나 접시형으로 바뀌는데, 어떤 형태가 될지는 발생하는 장소에 따라 정해진다.

발생 시기 여름~가을 **발생 장소** 활엽수의 고목 또는 떨어진 가지 **발생 형태** 중생 **갓의 지름** 2~8cm **갓의 모양** 원주형 **갓의 표면** 회백색~담황색 **갓의 점성** 없음 **대의 높이** 1.5~3cm **대의 모양** 원통형 **대의 표면** 연황색 **식용 여부** 식용, 약용

노랑느타리

균심균류 | 주름버섯목 | 느타리과

레몬 같은 노란색이 특징으로, 몇 안 되는 여름 채취가 가능한 버섯이다. 하나의 대에서 다수의 분지가 형성되며, 각각의 정단에 갓이 하나씩 달린다. 육질은 독특한 냄새가 있고 섬유질이 많아 질기지만, 튀김이나 된장국 등 다양한 방법으로 이용할 수 있다. 데치면 나오는 노랑물은 버리지 말고 국물용 육수로 사용하면 좋다.

발생 시기 초여름~가을 **발생 장소** 활엽수의 고목 또는 그루터기 **발생 형태** 군생 **갓의 지름** 5~15cm **갓의 모양** 조개껍질형 **갓의 표면** 황갈색~회갈색 **갓의 점성** 없음 **대의 높이** 1~3cm **대의 모양** 원통형 **대의 표면** 백색 **식용 여부** 식용, 약용

표고버섯

균심균류 | 주름버섯목 | 느타리과

 봄과 가을 두 차례 참나무나 상수리나무의 고사목, 그루터기에서 군생한다. 육질은 탄력이 있고 향기롭고 맛이 강하다. 쫄깃하고 야들야들한 식감으로 '버섯의 귀족'으로 부르기도 한다. 맛 뿐 아니라, 약효 또한 뛰어나서 혈압강하, 콜레스테롤 강하작용을 한다. 열량이 적고 식이섬유가 많아 다이어트 용으로도 그만인 버섯이다.

발생 시기 봄과 가을 **발생 장소** 활엽수의 고사목 또는 그루터기(재배) **발생 형태** 중생 **갓의 지름** 3~15cm **갓의 모양** 반구형~편평형 **갓의 표면** 담갈색~흑갈색 **갓의 점성** 없음 **대의 높이** 3~8cm **대의 모양** 원통형 **대의 표면** 백색 **식용 여부** 식용, 약용

팽나무버섯

균심균류 | 민주름버섯목 | 송이버섯과

젤라틴질로 반짝이는 갓은 반구형이었다가 차츰 평평하게 된다. 뇌의 활동을 돕는 비타민이 풍부하게 함유된 버섯이다. 섭식한 사람이 먹지 않은 사람보다 위암에 걸릴 위험이 낮다는 연구 결과도 있다. 우리는 흔히 '팽이'라고 부르지만, 외국에서는 혹독한 겨울을 이겨낸다고 '겨울버섯'이라고 부른다. 소형버섯 답지 않게 조직이 두껍고 매우 부드럽다.

발생 시기 봄~가을 **발생 장소** 활엽수의 고목이나 그루터기 **발생 형태** 군생 **갓의 지름** 2~3cm **갓의 모양** 반구형~편평형 **갓의 표면** 황색~황갈색 **갓의 점성** 있음 **대의 높이** 2~9cm **대의 모양** 원통형 **대의 표면** 황색 **식용 여부** 식용, 약용

Flammulina velutipes

나도팽나무버섯

균심균류 | 주름버섯목 | 독청버섯과

10월부터 11월 중순까지가 채취 적합 시기이다. 너도밤나무의 고목이나 그루터기에서 군생하는데, 식감이 좋아 가을 미각의 대명사로 꼽는다. 콩알 같은 유균은 주름을 감싸는 피막에 덮여있다가 곧 제철 버섯으로 성장한다. 갓이 열리면 못 먹는 것으로 치부되는 다른 버섯과는 달리, 이 버섯은 갓이 열린 것이 볼륨이 있고 더 맛있다.

발생 시기 가을 **발생 장소** 활엽수, 너도밤나무의 그루터기 **발생 형태** 군생 **갓의 지름** 3~8cm **갓의 모양** 반구형~편평형 **갓의 표면** 갈색-황갈색 **갓의 점성** 있음 **대의 높이** 3~8cm **대의 모양** 원통형 **대의 표면** 연한 갈색 **식용 여부** 식용, 약용

식용버섯 | 71

뽕나무버섯

균심균류 | 주름버섯목 | 뽕나무버섯과

비가 내린 다음 날 대량 발생한다. 성장이 빨라 순식간에 성균이 되며, 썩는 것도 대단히 빠르다. 드물지만 나무를 고사시켜 큰 피해를 입히기도 한다. 표면은 옅은 노란색에서 황갈색, 또는 갈색 등으로 다양하고 중앙부에 미세한 인편이 있다. 식감이 좋아 국거리에 잘 어울리지만, 생식이나 과식하면 중독현상에 시달릴 수 있다.

발생 시기 여름~가을 **발생 장소** 활엽수, 침엽수의 고사목 **발생 형태** 군생, 총생 **갓의 지름** 3~15cm **갓의 모양** 반반구형~편평형 **갓의 표면** 황색~황갈색 **갓의 점성** 있음(습할 때) **대의 높이** 4~10cm **대의 모양** 원통형 **대의 표면** 황토색~연황색 **식용 여부** 식용

Armillariella mellea

식용버섯 | 73

뽕나무버섯부치

균심균류 | 주름버섯목 | 송이버섯과

여름부터 가을 동안 활엽수의 고사목, 그루터기 또는 생목의 뿌리 주위에서 군생 또는 총생한다. 뽕나무버섯과 비슷하지만 갓의 크기가 작고, 보다 큰 다발로 발생하며 턱받이가 없다는 점에서 쉽게 식별할 수 있다. 조직이 질겨 소화가 잘 안되는 편이라 최소한 15분 이상 가열하고, 별 탈이 없으면 그때 식용여부를 결정하는 것이 좋다.

발생 시기 여름~가을 **발생 장소** 활엽수의 고사목, 그루터기 **발생 형태** 군생, 총생 **갓의 지름** 3~10cm **갓의 모양** 편평형~깔때기형 **갓의 표면** 황갈색~담갈색 **갓의 점성** 없음 **대의 높이** 5~15cm **대의 모양** 원통형 **대의 표면** 백색~연황색 **식용 여부** 식용

Armillariella tabescens

식용버섯 | 75

비늘버섯

균심균류 | 주름버섯목 | 독청버섯과

여름부터 가을에 걸쳐 활엽수 또는 간간히 침엽수의 넘어진 나무나 고목 그루터기에서 더부룩하게 모여 발생한다. 갓은 성숙시 평반구형이 되며 가운데가 볼록해진다. 점성이 없는 표면은 적갈색의 인편으로 덮여 있다. 식용버섯이지만 유독 성분이 있어서 그날 컨디션이나 체질에 따라 위장장애를 일으킬 수 있다. 유사한 버섯이 많아 특히 주의가 필요한 버섯이다.

발생 시기 여름~가을 **발생 장소** 활엽수, 침엽수의 고사목 **발생 형태** 속생 **갓의 지름** 1.5~5cm **갓의 모양** 반구형~편평형 **갓의 표면** 황색~적갈색 **갓의 점성** 없음 **대의 높이** 3~7cm **대의 모양** 원통형 **대의 표면** 황색~황갈색 **식용 여부** 식용(비추천)

Pholiota squarrosa

금빛비늘버섯

균심균류 | 주름버섯목 | 독청버섯과

여름과 가을에 활엽수의 고사목에서 발생한다. 갓의 크기는 5~12cm로 반구형에서 편평형이 되며, 표면은 습할 때 점성이 있고 비늘버섯 특성대로 건조하면 광택이 난다. 식용할 때는 주름이 짙고 갈색이 되기 전의 갓 부분을 이용한다. 버섯 자루는 딱딱해서 소화시키기가 힘들다. 고약한 냄새가 나고 쓴맛이 있지만 다른 재료와 같이 조려 먹으면 먹을 만하다.

발생 시기 여름~가을 **발생 장소** 활엽수의 고사목, 그루터기 **발생 형태** 군생, 총생 **갓의 지름** 3~10cm **갓의 모양** 편평형~깔때기형 **갓의 표면** 황갈색~담갈색 **갓의 점성** 없음 **대의 높이** 5~15cm **대의 모양** 원통형 **대의 표면** 백색~연황색 **식용 여부** 식용

Pholiota aurivella

검은비늘버섯

균심균류 | 주름버섯목 | 주름버섯과

   봄부터 가을까지 활엽수의 그루터기에서 3~12cm의 크기로 둥근 산형에서 편평형으로 자란다. 표면은 점성을 갖고 있으며 건조하면 광택이 있다. 식용보다는 약용으로 많이 쓰는데, 면역조절 물질 및 항암활성, 항종양 및 항균효과 등이 있는 것으로 알려져 있다. 약간의 독성이 있어 구토나 설사를 일으키므로 날 것으로 먹지 않는 것이 좋다.

발생 시기 봄~가을 **발생 장소** 숲, 풀밭의 땅 위 **발생 형태** 산생, 군생 **갓의 지름** 3~12cm **갓의 모양** 오목형~편평형 **갓의 표면** 황갈색 **갓의 점성** 있음 **대의 높이** 7~12cm **대의 모양** 원통형 **대의 표면** 연한 자색 **식용 여부** 식용, 약용

능이

균심균류 | 민주름버섯목 | 굴뚝버섯과

'향버섯'이라고도 부른다. 건조하면 나는 강한 향기는 맛있게 졸인 간장 냄새와 비슷하다. 오래 전부터 고급요리는 물론, 약으로 이용해 온 버섯으로, 육류를 먹고 체했을 때 소화제로 사용하기도 했다. 식용할 때는 건조한 버섯을 미지근한 물에 잿물이 모두 빠져 나올 때까지 담가 두도록 한다. 생식하면 구토나 어지러움 등의 중독 증상을 겪을 수 있다.

발생 시기 여름~가을 **발생 장소** 활엽수림의 땅 위 **발생 형태** 군생 **갓의 지름** 10~20cm **갓의 모양** 편평형~깔때기형,나팔형 **갓의 표면** 담갈색~흑갈색 **갓의 점성** 없음 **대의 높이** 3~6cm **대의 모양** 원통형 **대의 표면** 담적갈색 **식용 여부** 식용, 약용

Sarcodon asparatus

송이

균심균류 | 주름살버섯목 | 송이과

가을에 강수량이 증가하고 땅속의 온도가 19도 이하로 떨어질 때 발생하는 것으로 알려져 있다. 적송림에서 주로 발생하지만 침엽수가 많은 숲에서도 볼 수 있다. 위장을 보호하며 혈압을 낮추고 신장기능을 높여 당뇨와 체내의 혈당을 낮추는 효능이 있다. 그러나 '송이 알레르기' 라는 것이 있어서 식용 후 과민성 쇼크를 일으켰다는 사례도 있다.

발생 시기 9월~10월 **발생 장소** 퇴적된 소나무 숲 **발생 형태** 산생, 군생 **갓의 지름** 9~20cm **갓의 모양** 반구형~편평형 **갓의 표면** 갈색 **갓의 점성** 없음 **대의 높이** 15~45cm **대의 모양** 원통형 **대의 표면** 백색 또는 갈색 **식용 여부** 식용, 약용

양송이

균심균류 | 주름살버섯목 | 주름버섯과

재배종이지만 드물게 자생하기도 한다. 늦봄부터 가을에 걸쳐 풀밭이나 길섶 등에서 볼 수 있다. '서양의 송이'라는 별명답게 유럽에서는 송이만큼 대접 받는다. 야생에서의 색은 재배용과는 달리 재색이며, 상처를 입으면 적갈색의 얼룩이 생긴다. 향기는 없지만 육질형이라 두껍고 단단하다. 재배용이라도 재색 버섯이 백색 버섯보다 맛과 향이 더 풍부하다.

발생 시기 여름~가을 **발생 장소** 잔디밭, 퇴비더미 **발생 형태** 다발 발생 **갓의 지름** 5~12cm **갓의 모양** 구형~편평형 **갓의 표면** 백색, 재색 **갓의 점성** 없음 **대의 높이** 1~3cm **대의 모양** 타원형 **대의 표면** 백색 **식용 여부** 식용

땅송이

균심균류 | 주름살버섯목 | 송이과

Tricholoma terreum

침엽수림이나 전나무 숲 속에서 군생하는데 눈에 잘 띄지는 않는다. 갓은 지름 4~8cm로 반구형에서 종형을 거쳐 볼록편평형이 되며, 표면에 점성은 없다. 갓의 색깔은 암회색을 띠지만 자라면서 갈회색으로 변한다. 외형적으로 지저분한 인상을 주지만, 의외로 잡내가 없고 향이 강하지 않아 버섯에 거부감이 있는 사람도 맛있게 먹을 수 있다.

발생 시기 여름~가을 **발생 장소** 침엽수림 내 땅 위 **발생 형태** 군생 **갓의 지름** 4~8cm **갓의 모양** 반구형~편평형 **갓의 표면** 회색~회갈색 **갓의 점성** 없음 **대의 높이** 4~8cm **대의 모양** 곤봉형 **대의 표면** 백색~회백색 **식용 여부** 식용

새송이

균심균류 | 주름살버섯목 | 느타리과

이름에 '송이'가 붙지만 느타리의 일종이다. 주로 유럽의 초원에서 발생하는 버섯으로, 우리나라에서는 자생하지 않기에 인공재배로 수요를 맞춘다. 육질이 두꺼워 씹는 맛이 좋고 다른 버섯에 비해 대가 굵고 길다. 물로 씻으면 맛이 떨어지기 때문에 물에 적신 키친타올로 얼룩을 닦거나 가볍게 털어내는 게 좋다.

발생 시기 여름~가을 **발생 장소** 주로 재배함 **발생 형태** 균생 **갓의 지름** 3~10cm **갓의 모양** 둥근공형~깔때기형 **갓의 표면** 백색~회갈색 **갓의 점성** 없음 **대의 높이** 3~10cm **대의 모양** 원통형 **대의 표면** 백색 **식용 여부** 식용

쓴송이

균심균류 | 주름살버섯목 | 송이과

 이 버섯은 찾기가 매우 어렵다. 낙엽과 같은 보호색을 띠고 숲 속에 숨어 있기 때문이다. 하지만 주름살 둘레가 노란색으로 덮여 있기에 이것만 외워 두면 채취하기가 보다 수월해진다. 4cm 정도의 중소 버섯으로 습기가 있는 곳에서는 표면에 점성을 띠지만 마른 것도 많다. 비린내가 나고 쓴맛이 있으므로 충분히 우려낸 후 조리한다.

발생 시기 여름~가을 **발생 장소** 숲속의 땅 위 **발생 형태** 산생, 군생 **갓의 지름** 4~10cm **갓의 모양** 원추형~편평형 **갓의 표면** 황갈색~짙은 녹갈색 **갓의 점성** 있음(습할 때) **대의 높이** 5~13cm **대의 모양** 원통형 **대의 표면** 백색~황색 **식용 여부** 식용

목이

균심균류 | 목이버섯목 | 목이버섯과

이름 그대로 나무 위에서 귀처럼 자란다. 젤라틴질이라 습할 때는 유연하고 탄력성이 있으나, 건조하면 굳어지며 각질화된다. 향이 좋고 식감이 좋아 짬뽕에 빠지면 서운한 식재료이며, 물에 담그면 원상태로 되살아나는 특성이 있다. 채취할 때는 높은 산에서 채취하는 것이 좋다. 평지에서 나는 것은 고산 지대에서 나는 것보다 다소 딱딱하고 맛이 떨어진다.

발생 시기 여름~가을 **발생 장소** 활엽수의 고목 **발생 형태** 군생 **갓의 지름** 3~5cm **갓의 모양** 주발형 **갓의 표면** 연갈색~흑갈색 **갓의 점성** 있음 **대의 높이** 없음 **대의 모양** 없음 **대의 표면** 없음 **식용 여부** 식용, 약용

Auricularia auricula-judae

식용버섯 | 91

흰목이

균심균류 | 흰목이버섯목 | 흰목이버섯과

여름부터 가을에 걸쳐 나무의 수피가 갈라진 곳에서 나온다. 조직은 비교적 얇고 반투명하며 젤라틴 질이다. 처음 채취할 때는 부드럽지만 건조하면 수축되어 단단해진다. 양귀비도 즐겨 먹었다는 버섯으로, 중국에서는 '은이(銀耳)'라 하여 고급요리에 사용한다. 해초를 씹는 감촉을 느낄 수 있다.

발생 시기 여름~가을 **발생 장소** 활엽수의 고목 **발생 형태** 군생 **갓의 지름** 3~7cm **갓의 모양** 닭벼슬형 **갓의 표면** 백색 **갓의 점성** 있음(습할 때) **대의 높이** 없음 **대의 모양** 없음 **대의 표면** 없음 **식용 여부** 식용, 약용

Tremella fusiformis

털목이

균심균류 | 목이버섯목 | 목이버섯과

숲 속에 장맛비가 부슬부슬 내리기 시작하면 활엽수의 죽은 나뭇가지 위에서 하나 둘씩 발생하기 시작한다. 자실체의 크기가 목이보다 더 크다는 것과 전체에 털이 좀 더 현저하게 직립해 있다는 것 외에는 목이와 거의 같다. 맛은 없지만 목이보다 육질이 두꺼워서 오독오독한 식감은 더 낫다. 오래 씻으면 맛이 떨어진다고 알려져 있지만 목이는 원래 맛이 없다.

발생 시기 여름~가을 **발생 장소** 활엽수의 고목 **발생 형태** 군생 **갓의 지름** 3~7cm **갓의 모양** 귀형 **갓의 표면** 갈색~흑갈색 **갓의 점성** 있음(습할 때) **대의 높이** 없음 **대의 모양** 없음 **대의 표면** 없음 **식용 여부** 식용, 약용

Auricularia polytricha

식용버섯 | 95

좀목이

균심균류 | 목이버섯목 | 흰목이버섯과

겨울에 마른 가지 위에서 꽤 많이 발견된다. 건조하면 얇고 단단해지기 때문에 비나 이슬에 흠뻑 젖어야 채취가 가능하다. 나뭇가지 위에서 이끼처럼 혹은 딱정벌레의 배설물처럼 자라기에 일반적으로 목이 같은 모양은 아니다. 맛 또한 오독오독 씹히는 목이 특유의 식감이 아니라, 일반 버섯의 식감과 비슷하다. 버섯 향도 없고 그저 그런 맛이다.

발생 시기 여름~가을 **발생 장소** 활엽수의 고사목 **발생 형태** 균생 **갓의 지름** 5~10cm **갓의 모양** 뇌형, 닭벼슬형 **갓의 표면** 갈색~황갈색 **갓의 점성** 있음(습할 때) **대의 높이** 없음 **대의 모양** 없음 **대의 표면** 없음 **식용 여부** 식용, 약용

혓바늘목이

균심균류 | 목이버섯목 | 흰목이버섯과

주로 여름부터 가을 동안 침엽수림 내 썩은 나무 그루터기에서 하나씩 또는 무리지어 발생한다. 자실체이 모양은 부채꼴 또는 조개껍질형이며, 자실체 뒷면에 짧은 침상 돌기가 밀집해 있다. 이 모습을 보고 '고양이의 혀'라고 부르기도 한다. 중국에서 귀한 대접을 받으며 약용버섯으로 쓰인다지만, 맛은 그다지 강하지 않고 다만 식감이 재미있는 식균이다.

발생 시기 여름~가을 **발생 장소** 삼나무 생목 **발생 형태** 단생, 소수 군생 **갓의 지름** 2~5cm **갓의 모양** 조개껍질형 **갓의 표면** 백색~연갈색 **갓의 점성** 없음 **대의 높이** 없음 **대의 모양** 없음 **대의 표면** 없음 **식용 여부** 식용, 약용

꽃흰목이

균심균류 | 목이버섯목 | 흰목이버섯과

쓰러진 활엽수의 고사목에서 카네이션과 같은 모양으로 발생한다. 흰목이와 매우 비슷하나 자실체 전체가 갈색을 띤다는 점에서 구별된다. 조직은 반투명한 젤라틴 질로, 담홍갈색 또는 적갈색이었다가 건조하면 흑갈색으로 변한다. 쫄깃쫄깃한 식감이 좋은 버섯이므로 살짝 삶아 다른 채소들과 함께 초무침이나 샐러드로 먹는 것이 가장 맛있게 먹는 방법이다.

발생 시기 여름~가을 **발생 장소** 활엽수 고사목 **발생 형태** 군생 **갓의 지름** 5~10cm **갓의 모양** 닭벼슬형 **갓의 표면** 갈색 **갓의 점성** 있음(습할 때) **대의 높이** 없음 **대의 모양** 없음 **대의 표면** 없음 **식용 여부** 식용, 약용

Tremella foliacea

식용버섯 | 99

졸각버섯

균심균류 | 주름버섯목 | 송이버섯과

'살색깔대기버섯'이라고도 부른다. 모양과 색깔에 변이가 많은 버섯으로, 여름부터 가을 동안에 다양한 종류의 나무가 있는 숲속에서 군생한다. 물기가 있거나 습할 때는 물결 모양의 주름이 부채살처럼 펴지는 특성이 있다. 색상이 식욕을 돋우는 편은 아니지만 부드러운 향기와 쫄깃쫄깃한 식감으로 찌개나 볶음에 제법 어울리는 소형버섯이다.

발생 시기 여름~가을 **발생 장소** 임지내 지상 **발생 형태** 군생 **갓의 지름** 1~4cm **갓의 모양** 평반구형~오목편평형 **갓의 표면** 선홍색~담홍갈색 **갓의 점성** 없음 **대의 높이** 3~5cm **대의 모양** 원통형 **대의 표면** 선홍색~담홍갈색 **식용 여부** 식용

식용버섯 | 101

자주졸각버섯

균심균류 | 주름버섯목 | 송이버섯과

여름부터 가을까지 혼합림 내 지상 또는 도로변에 군생하는 외생균근형 성균이다. 어디든지 습한 장소라면 잘 자라며, 특히 척박한 토양의 습한 곳에서 자주 발생한다. 자실체 전체가 자주색인 반면, 주름살은 짙은 자주색이었다가 마르면 연한 회갈색으로 변한다. 달콤한 향기가 일품인 식용버섯으로, 맛이 상당히 좋다.

발생 시기 여름~가을 **발생 장소** 혼합림 내 땅 위 **발생 형태** 군생 **갓의 지름** 1.5-3cm **갓의 모양** 둥근 산형~오목편평형 **갓의 표면** 자주색 **갓의 점성** 없음 **대의 높이** 2~7cm **대의 모양** 원통형 **대의 표면** 자주색 **식용 여부** 식용

보라발졸각버섯

균심균류 | 주름버섯목 | 송이버섯과

　식물과 공생하는 버섯이며, 종종 자실체의 색깔이 뚜렷하지 않은 경우도 있다. 목초지나 풀밭의 소변 냄새가 진동하는 곳이나 동물의 배설물, 곤충이 썩어서 분해되는 장소에서 발생한다. 발생하는 곳의 암모니아 냄새와는 별개로 어린 개체에서는 상쾌한 향기가 난다. 졸각버섯 대부분이 식용버섯이지만, 이 버섯은 모으기도 쉽지 않고 맛도 보통이다.

발생 시기 여름~가을 **발생 장소** 목초지, 풀밭 등의 땅 위 **발생 형태** 산생, 군생 **갓의 지름** 3~6cm **갓의 모양** 평반구형~중앙오목편평형 **갓의 표면** 황갈색~적갈색 **갓의 점성** 없음 **대의 높이** 3~8cm **대의 모양** 원통형 **대의 표면** 황갈색~적갈색 **식용 여부** 식용

Laccaria bicolor

식용버섯 | 105

노란주걱혀버섯

균심균류 | 붉은목이목 | 붉은목이과

봄부터 가을까지 침엽수의 고목 위에서 목이가 발생하는 주변에 함께 나타난다. 만지면 목이처럼 오독오독한 연골 같은 느낌이다. 독버섯인냥 진노랑색을 뽐내지만, 붉은목이과 버섯은 독버섯이 드물기 때문에 위험하지는 않다. 조직은 의외로 단단한 편이고 건조하면 한쪽이 백색으로 변색된다. 식용버섯이라고 기재되어있지만 자실체가 워낙 작아 식용가치는 없다.

발생 시기 봄~가을 **발생 장소** 침엽수의 나무 위 **발생 형태** 군생 **자실체의 지름** 0.5~1.5cm **자실체의 모양** 주걱형~부채형 **자실체의 표면** 진황색 **자실체의 점성** 있음 **대의 높이** 없음 **대의 모양** 없음 **대의 표면** 없음 **식용 여부** 식용(비추천)

소혀버섯

균심균류 | 주름버섯목 | 소혀버섯과

아무리 봐도 버섯으로 보이지 않고 피를 머금은 소의 간처럼 보인다. 초여름부터 활엽수의 가지나 그루터기에서 단생 또는 군생하는 지름 20cm가 넘는 대형버섯이다. 소의 장기를 닮은 적색 모양의 단면을 절단하면 신맛이 나는 붉은 액체가 배어 나온다. 이 쌉싸름하면서도 식초처럼 신맛을 즐기기 위해 이탈리아에서는 얇게 썰어 생으로 먹는 경우도 있다고 한다.

발생 시기 여름~가을 **발생 장소** 활엽수 생목 그루터기 **발생 형태** 단생, 군생 **갓의 지름** 10~20cm **갓의 모양** 부채형~소 혀 모양 **갓의 표면** 적홍색 **갓의 점성** 있음 **대의 높이** 없음 **대의 모양** 없음 **대의 표면** 없음 **식용 여부** 식용

Fistulina hepatica

나팔버섯

균심균류 | 민주름버섯목 | 나팔버섯과

여름부터 가을까지 침엽수림 또는 혼합림 내의 지상에서 단생 또는 군생한다. 우리나라에서는 식용버섯으로 분류하고 있지만, 일본에서는 독버섯으로 규정하는 버섯이다. 소화불량을 일으키는 독성이 있기에 경우에 따라 복통과 설사를 할 수도 있으므로 반드시 데친 물은 버리고 들기름과 함께 요리하면 맛있게 먹을 수 있다.

발생시기 여름~가을 **발생 장소** 침엽수림의 땅 **발생 형태** 군생 **갓의 지름** 4~12㎝ **갓의 모양** 뿔피리형~깔때기형 **갓의 표면** 황토색 **갓의 점성** 없음 **대의 높이** 10~20 **대의 모양** 원통형 **대의 표면** 적색 **식용 여부** 식용

황금뿔나팔버섯

균심균류 | 민주름버섯목 | 꾀꼬리버섯과

'황금나팔꾀꼬리버섯'이라고도 한다. 소나무숲의 땅 위에 군생하는 작고 아름다운 버섯이다. 갓 표면은 섬유상 인편과 주름이 방사상으로 배열되어 있으며, 갓 끝과 주변에는 거친 섬유상 잔털이 현저하게 나 있다. 살구와 비슷한 향이 나고 맛이 달아서 된장국이나 무침, 또는 버터로 살짝 볶아 먹으면 맛있다. 부패가 빠른 버섯이므로 건조하면 바로 저장하도록 한다.

발생 시기 여름~가을 **발생 장소** 침엽수림의 땅 위 **발생 형태** 군생 **갓의 지름** 1~3cm **갓의 모양** 오목평반구형~얕은 깔때기형 **갓의 표면** 백색~담황색 **갓의 점성** 없음 **대의 높이** 2~5cm **대의 모양** 원통형 **대의 표면** 백색~담황색 **식용 여부** 식용

Cantharellus luteocomus

뿔나팔버섯

균심균류 | 민주름버섯목 | 뿔나팔버섯과

여름이 시작되면서부터 혼합림 내의 지상에서 단생 또는 소수 군생한다. 발견하기가 쉽지 않고 나팔 모양의 갓이 흑색이라 처음 마주치면 불쾌하고 칙칙해 보인다. 그러나 만져 보면 의외로 부드러운 느낌이다. 우리나라에서는 그다지 인기가 없지만, 부드럽고 맛이 좋아 유럽에서 스프와 생선요리에 즐겨 사용하는 버섯이다.

발생 시기 여름~가을 **발생 장소** 숲속의 부엽토 위 **발생 형태** 단생 **갓의 지름** 1~5cm **갓의 모양** 나팔모양깊은 깔때기모양 **갓의 표면** 회색~회갈색 **갓의 점성** 없음 **대의 높이** 5~10cm **대의 모양** 없음 **대의 표면** 회색~회갈색 **식용 여부** 식용

Craterellus cornucopioides

깔때기버섯

균심균류 | 주름버섯목 | 송이버섯과

 서 있는 모습이 꼭 와인잔이다. 여름부터 가을에 걸쳐 혼합림 내의 낙엽이 많이 쌓인 곳에서 주로 발생하며, 움푹 들어간 갓 가운데에 작은 돌기가 나 있다. 조직은 얇고 향기는 부드럽다. 예전부터 식용되어 온 버섯이지만 최근 유독 성분이 확인되었기에 대량 섭식은 피하고 반드시 충분히 익혀서 식용하도록 한다.

발생 시기 여름~가을 **발생 장소** 낙엽, 풀밭, 돌 틈 **발생 형태** 산생, 군생 **갓의 지름** 3~10m **갓의 모양** 오목평반구형~ 깔때기형 **갓의 표면** 담황갈색~담적갈색 **갓의 점성** 없음 **대의 높이** 2.5~5cm **대의 모양** 원통형 **대의 표면** 담황갈색 **식용 여부** 식용

Clitocybe gibba

식용버섯 | 117

하늘색깔때기버섯

균심균류 | 주름버섯목 | 송이버섯과

여름부터 가을까지 각종 나무가 있는 숲속 지상에서 발생한다. 크게 군생하는 경우는 별로 없다. 조직은 비교적 얇은 육질형이며, 매화꽃 향기를 닮은 독특한 향취가 있다. 갓은 지름 3~8cm로 반구형에서 오목편평형이 된다. 주로 독특한 향이 필요한 요리에 이용하는데, 가열하면 점액이 강해져서 사람에 따라 호불호가 갈린다.

발생 시기 여름~가을 **발생 장소** 혼합림 **발생 형태** 단생, 소수 군생 **갓의 지름** 3~8cm **갓의 모양** 반구형~오목편평형 **갓의 표면** 회록색~회청록색 **갓의 점성** 없음 **대의 높이** 3~7cm **대의 모양** 원통형 **대의 표면** 연한 청색 **식용 여부** 식용

Clitocybe odora

식용버섯 | 119

조각무당버섯

균심균류 | 주름버섯목 | 무당버섯과

여름부터 가을에 걸쳐 활엽수림 내 땅 위에서 단생 또는 군생한다. 색상은 변화의 폭이 있지만 대부분은 와인색을 띤 엷은 보라색이다. 지름 6~7cm 정도의 중형버섯으로, 갓 표면은 습할 때는 약간 점성이 생기며 종종 표피가 갈라지거나 조직이 노출된다. 식용버섯이지만 향기도 없고 맛은 기대하지 않는 것이 좋다.

발생 시기 여름~가을 **발생 장소** 활엽수림 내 땅 위 **발생 형태** 단생, 군생 **갓의 지름** 6~7cm **갓의 모양** 반구형~오목형 **갓의 표면** 갈적색~자갈색 **갓의 점성** 있음(습할 때) **대의 높이** 4~7cm **대의 모양** 원통형 **대의 표면** 연한 백색 **식용 여부** 식용

청머루무당버섯

균심균류 | 주름버섯목 | 무당버섯과

'색갈이갓버섯'이라고도 한다. 여름부터 활엽수림의 지상, 특히 참나무 숲과 자작나무 숲에서 발생한다. 갓머리의 색 변화가 심해서 보라색, 옅은 적색, 청색, 또는 올리브색으로 다양한 색을 띤다. 특별한 냄새는 없고 약간 매운 맛이 난다. 끓이면 좋은 국물이 나오기에 일본이나 유럽에서는 선호하는 버섯이다.

발생 시기 여름~가을 **발생 장소** 활엽수림(특히 참나무 숲) 땅 위 **발생 형태** 산생 **갓의 지름** 6~10cm **갓의 모양** 반구형~오목편평형 **갓의 표면** 다양한 색 **갓의 점성** 있음(습할 때) **대의 높이** 4~5cm **대의 모양** 원통형 **대의 표면** 백색 **식용 여부** 식용

Russula cyanoxantha

식용버섯 | 123

푸른주름무당버섯

균심균류 | 주름버섯목 | 무당버섯과

'흰무당버섯'이라고도 한다. 실제로 주름 상단에 밝은 청록색을 띤다. 여름부터 가을에 걸쳐 침엽수 및 활엽수 내 지상에서 발생한다. 갓 모양이 초기에는 안쪽으로 굽어 있으며, 거의 대를 싸고 있으나 성장하면 끝이 펴지며 깔때기형으로 된다. 매운 맛이 있지만 식용할 수 있다. 독버섯인 '흰무당버섯아재비'와 비슷하므로 주의해야 한다.

발생 시기 여름~가을 **발생 장소** 침엽수림과 활엽수림 **발생 형태** 산생 **갓의 지름** 4~10cm **갓의 모양** 반구형~깔때기형 **갓의 표면** 흰색~황토색 **갓의 점성** 없음 **대의 높이** 3~5cm **대의 모양** 원통형 **대의 표면** 흰색~담갈색 **식용 여부** 식용

Russula chloroides

홍색애기무당버섯

균심균류 | 주름버섯목 | 무당버섯과

예전에는 냄새무당버섯으로 불렸던 적도 있다. 여름부터 가을에 주로 침엽수와 활엽수림 내의 습지에서 발생한다. 갓의 표면은 적색인데 중앙부터 자적색이었다가 올리브 색으로 변한다. 조직은 비교적 얇고 부드러운 편이다. 몹시 매운 맛이 있고 독버섯인 '홍자색애기무당버섯'과 혼동할 우려가 있으므로 채취하지 않는 것이 좋다.

발생 시기 여름~가을 **발생 장소** 침엽수, 활엽수림의 습지 **발생 형태** 산생 또는 군생 **갓의 지름** 2~4cm **갓의 모양** 둥근산형~편평형 **갓의 표면** 자홍색 **갓의 점성** 없음 **대의 높이** 3~6cm **대의 모양** 원통형 **대의 표면** 흰색 **식용 여부** 식용(비추천)

가지무당버섯

균심균류 | 주름버섯목 | 무당버섯과

자줏빛 와인색깔이 아주 그윽하다. 여름부터 초가을에 걸쳐 활엽수림 내 땅 위에 발생하는 지름 2~5cm 정도의 소형 버섯이다. 갓 표면은 습할 때 점성이 있고, 반구형이었다가 점차 편평형으로 변한다. 연한 조직을 손으로 자르면 생선 비슷한 고약한 냄새가 나지만, 다른 무당버섯과 달리 맵지 않아서 식용할 수 있다. 생식은 금한다.

발생 시기 여름~가을 **발생 장소** 활엽수림 내 **발생 형태** 산생, 군생 **갓의 지름** 2~5cm **갓의 모양** 반구형~편평형 **갓의 표면** 자색~적자색 **갓의 점성** 있음(습할 때) **대의 높이** 2~4cm **대의 모양** 원통형 **대의 표면** 분홍색~담자색 **식용 여부** 식용

Russula amoena

식용버섯 | 129

혈색무당버섯

균심균류 | 주름버섯목 | 무당버섯과

'장미무당버섯'이라고도 한다. 처음엔 호빵모양이었다가 자라면서 점점 편평하게 된다. 갓 표면은 선명한 혈적색이지만 오래되면 다소 퇴색하며 습할 때는 점성으로인한 광택이 난다. 표피는 거의 벗겨지지 않는데, 표피가 잘 벗겨지는 '냄새무당버섯'과 비교가 되는 부분이니 채집할 때는 반드시 유념해야 한다. 매운 맛이 나지만 식용할 수 있다.

발생 시기 여름~가을 **발생 장소** 소나무 임내 모래땅 **발생 형태** 군생 **갓의 지름** 4-10cm **갓의 모양** 반구형~편평형 **갓의 표면** 혈적색~분홍색 **갓의 점성** 있음(습할 때) **대의 높이** 3~6cm **대의 모양** 원통형 **대의 표면** 흰색~담홍색 **식용 여부** 식용

Russula sanguinea

식용버섯 | 131

싸리버섯

균심균류 | 민주름버섯목 | 싸리버섯과

 갓 형태가 싸리나무 빗자루와 비슷해서 생겨난 이름이다. 가을이 시작되면 활엽수림, 특히 너도밤나무 숲의 지상에서 대량으로 발생한다. 부드럽고 향기 좋은 버섯이지만 우려낸 후 식용하여야 한다. 채취시기는 9월 초가 가장 좋다. 다양한 싸리버섯 중 노랑싸리, 붉은싸리는 설사, 구토, 복통을 일으키는 독버섯이니 조심해야 한다.

발생 시기 가을 **발생 장소** 활엽수림, 너도밤나무 위 **발생 형태** 단생, 군생 **자실체의 높이** 6~15cm **자실체의 지름** 3~5cm **자실체의 모양** 산호형 **자실체의 표면** 담분홍색 **자실체의 점성** 없음 **식용 여부** 식용

Ramaria botrytis

식용버섯 | 133

좀나무싸리버섯

균심균류 | 민주름버섯목 | 싸리버섯과

 매년 침엽수, 특히 썩은 소나무의 중간 정도에서 빠짐없이 발생하기에 찾는 수고가 필요하지 않은 버섯이다. 조직은 옅은 황토색이나 상처를 입으면 서서히 변하며, 최종적으로 흑색으로 된다. 육질이 부드러워서 삶거나 졸임, 볶음, 된장국 등에 부재료로 넣어 먹는다. 과식하거나 생식하면 설사를 일으킬 수 있다. 맛있다고는 할 수 없다.

발생 시기 여름~가을 **발생 장소** 침엽수의 썩은 나무, 그루터기 위 **발생 형태** 군생 **자실체의 높이** 5~13cm **자실체의 지름** 2~5cm **자실체의 모양** 왕관형 **자실체의 표면** 담황갈색~적갈색 **자실체의 점성** 없음 **식용 여부** 식용

Artomyces pyxidatus

식용버섯 | 135

붉은창싸리버섯

균심균류 | 민주름버섯목 | 국수버섯과

콩나물 또는 산호 같은 모습이 꽤 특징적이다. 가을에 침엽수림, 특히 적송림 내 지상에서 종종 수백 개의 개체가 무리지어 발생하기도 한다. 외형은 국수버섯과 흡사하지만 오렌지색, 적색, 홍적색 등 자실체의 색깔 변화가 매우 크다. 국내에서는 다소 드물게 발생하는 편이며, 국수버섯처럼 식용할 수는 없다.

발생 시기 여름~가을 **발생 장소** 혼합림의 땅 **발생 형태** 군생 **자실체의 높이** 5~14cm **자실체의 지름** 0.3~1cm **자실체의 모양** 긴 방추형 **자실체의 표면** 주홍색 **자실체의 점성** 없음 **식용 여부** 식독불명

자주싸리국수버섯

균심균류 | 민주름버섯목 | 국수버섯과

'보라빛싸리버섯'이라고도 부른다. 늦여름부터 산림 내 지상에서 가락국수 모양으로 발생하지만 발생량은 그리 많지 않다. 또 사진으로는 크게 보일지 몰라도 그리 크지 않다. 자실체 색상은 옅은 보라색였다가 나중에 퇴색하며, 조직은 비교적 취약해서 잘 부서지는 편이다. 육질이 물러 식감은 기대하지 않는 편이 좋다. 식용버섯이다.

발생 시기 여름~가을 **발생 장소** 숲 속의 땅 **발생 형태** 다발 군생 **자실체의 높이** 1.5~7.5cm **자실체의 지름** 2~3cm **자실체의 모양** 사슴뿔형 **자실체의 표면** 회색, 자갈색, 포도주색 **자실체의 점성** 없음 **식용 여부** 식용

흰국수버섯

균심균류 | 민주름버섯목 | 국수버섯과

누가 지었는지는 몰라도 정말 멋진 작명 감각이다. 숲속에서 발견하면 소면처럼 가늘어서 건드리면 곧 부러질 것 같아 보인다. '국수버섯'에서 개칭된 이름으로, 늦여름부터 가을에 걸쳐 혼합림 내 지상에서 다수 속생 또는 총생한다. 자실체는 국수 모양으로 표면에 백색을 띠며 종종 끝 부분이 옅은 황색을 띤 것도 있다. 식용버섯이나 맛은 기대할 게 없다.

발생 시기 여름~가을 **발생 장소** 숲 속의 땅 위 **발생 형태** 군생 **자실체의 높이** 5~13cm **자실체의 지름** 0.2~0.4cm **자실체의 모양** 가는 방추형 **자실체의 표면** 백색~담황색 **자실체의 점성** 없음 **식용 여부** 식용

식용버섯 | 139

자주국수버섯

균심균류 | 민주름버섯목 | 국수버섯과

만지자마자 부서질 것 같은 형상은 모든 국수버섯들의 공통된 특징이다. 가을에 침엽수, 특히 적송림 내 지상에서 하나씩 솟아오르다가 수백개의 개체가 함께 무리지어 발생한다. 처음에는 아름다운 자색을 띠지만 성장하면서 퇴색하며, 채취했더라도 육질이 무르고 씹는 맛이 없기 때문에 식용하기에는 다소 어려움이 있다.

발생 시기 가을 **발생 장소** 혼합림 내 땅 위 **발생 형태** 군생 **자실체의 높이** 1.5~5cm **자실체의 지름** 2.5~12cm **자실체의 모양** 가는 방추형 **자실체의 표면** 회자색~자색 **자실체의 점성** 없음 **식용 여부** 식용

Clavaria purpurea

가죽밤그물버섯

균심균류 | 주름버섯목 | 귀신그물버섯과

 드물게 발생하는 중형버섯 중의 하나로, 실제 봤을 때의 아름다움은 사진으로는 표현할 수가 없다. 여름부터 산림 내 그루터기 또는 그 주위에서 소수 군생한다. 갓과 대는 짙은 포도주색을 띠며, 두꺼운 표피가 갈라져 국화꽃 모양을 이룬다. 조직은 노랗고 속이 단단해 보이지만, 의외로 부서지기 쉬워서 채취할 때 주의를 기울여야 한다.

발생 시기 여름~가을 **발생 장소** 활엽수림, 혼합림 내 땅 위 **발생 형태** 단생, 소수 군생 **갓의 지름** 4~11cm **갓의 모양** 반구형~평반구형 **갓의 표면** 담홍색~담홍갈색 **갓의 점성** 없음 **대의 높이** 7~10cm **대의 모양** 원통형 **대의 표면** 담홍색 **식용 여부** 식용

가지색그물버섯

균심균류 | 주름버섯목 | 그물버섯과

'흑자색그물버섯'이라고도 한다. 여름부터 가을에 걸쳐 활엽수림 또는 참나무류와 소나무류의 혼합림 내 지상에서 단생 또는 소수 군생한다. 갓의 표면은 울퉁불퉁해서 상처 시에도 변색하지 않지만, 색깔 변화가 매우 큰 편이라 식별에 어려움을 겪을 수도 있다. 식용버섯으로 씹는 맛과 단맛이 어우러진 아주 맛있는 버섯이다.

발생 시기 여름~가을 **발생 장소** 활엽수림 **발생 형태** 단생 또는 군생 **갓의 지름** 5~9cm **갓의 모양** 반구형~평반구형 **갓의 표면** 자색~암자색 **갓의 점성** 없음 **대의 높이** 7~9cm **대의 모양** 원통형 **대의 표면** 갈색~암자색 **식용 여부** 식용

식용버섯 | 145

갈색산그물버섯

균심균류 | 그물버섯목 | 그물버섯과

　외모처럼 단단한 버섯이다. '갈색그물버섯'이라고도 하며 여름부터 가을까지 활엽수림의 땅 위에서 밤색, 또는 초콜릿색으로 발생한다. 큰 것은 대략 12cm가 넘는 크기로 발생하는데, 어릴 때는 둥근산형이었다가 거의 편평형으로 된다. 습할 때는 점성이 있으나 자라면서 건조되며, 식용할 때는 약간의 독성이 있으니 주의해야 한다.

발생 시기 여름~가을 **발생 장소** 활엽수림의 땅 위 **발생 형태** 단생 **갓의 지름** 8~12cm **갓의 모양** 반구형~편평형 **갓의 표면** 흑자색 **갓의 점성** 있음(습할 때) **대의 높이** 7~9cm **대의 모양** 원통형 **대의 표면** 암자색 **식용 여부** 식용

Boletus badius

비단그물버섯

균심균류 | 주름버섯목 | 그물버섯과

중형버섯으로 늦여름부터 가을에 걸쳐 침엽수, 특히 소나무 숲의 지상에서 산생 또는 군생한다. 갓 모양은 반구형이었다가 위가 평평한 둥근산형이 되며, 젤라틴질로 이루어진 표면에선 강렬한 점액이 줄줄 흘러 내린다. 맛과 향기가 근사한 식용버섯으로, 다량 섭취할 경우 드물게 가벼운 소화불량증상을 겪기도 한다. 찌개나 무침 등의 조리법을 추천한다.

발생 시기 늦여름~가을 **발생 장소** 소나무 숲 **발생 형태** 산생, 소수 군생 **갓의 지름** 3~9cm **갓의 모양** 반구형~둥근산형 **갓의 표면** 암적갈색 **갓의 점성** 있음 **대의 높이** 4~7cm **대의 모양** 원통형 **대의 표면** 황백색~암갈색 **식용 여부** 식용

황소비단그물버섯

균심균류 | 주름버섯목 | 그물버섯과

여름이 채 시작되기 직전부터 소나무 숲의 지상에서 발생하며, 종종 무리지어 군생하기도 한다. 생각보다 매우 흔하게 발견할 수 있는데, 소나무 뿌리와 균근을 형성하는 것으로 알려져 있다. 갓 아랫면의 관공 부위는 부패하기 쉬워서 떼어내고 요리하는 것이 바람직하다. 육질이 매우 두껍고 미세한 흰색을 띠다가도 가열하면 적자색으로 변화한다.

발생 시기 늦봄~가을 **발생 장소** 소나무 숲 **발생 형태** 산생, 군생 **갓의 지름** 4~11cm **갓의 모양** 원추형~편평형 **갓의 표면** 황갈색~황토색 **갓의 점성** 있음 **대의 높이** 3~8cm **대의 모양** 원통형 **대의 표면** 황갈색~황토색 **식용 여부** 식용

큰비단그물버섯

균심균류 | 주름버섯목 | 그물버섯과

 채취할 때 우선적으로 선택되는 버섯이다. 버섯 전체에서 진한 송진 냄새가 난다. 여름부터 가을까지 낙엽송림 내의 땅 위에서 다양한 크기로 발생하며, 표면은 유균일 때나 습할 때 젤라틴질로 진하게 덮인다. 이 버섯은 군생하기 때문에 한번에 많은 양을 기대할 수 있다. 또, 이 버섯이 나오기 시작하면 본격적인 버섯 시즌이 시작되는 신호로 여긴다고 한다.

발생 시기 여름~가을 **발생 장소** 낙엽송림의 땅 위 **발생 형태** 군생 **갓의 지름** 4~15cm **갓의 모양** 원추형~편평형 **갓의 표면** 황색~적황색 **갓의 점성** 있음(습할 때) **대의 높이** 4~12cm **대의 모양** 원통형 **대의 표면** 황색~갈색 **식용 여부** 식용

식용버섯 | 153

젖비단그물버섯

균심균류 | 주름버섯목 | 그물버섯과

어린 버섯은 관공 부분에서 노란 유액을 분비한다. 만져 보면 알 수 있다. 매우 점성이 강해 심하게 끈적거리고, 때때로 가벼운 피부염을 일으키기도 한다. 여름부터 주로 소나무가 자라는 숲의 지상에서 발생하며, 부드럽고 과일 향을 닮은 분취를 솔솔 풍긴다. 찌개나 조림으로 이용 할 수 있지만 체질에 따라 중독을 일으키기도 한다. 끓이면 다소 신맛이 강해진다.

발생 시기 여름~가을 **발생 장소** 소나무 숲 위 **발생 형태** 군생 **갓의 지름** 3~10cm **갓의 모양** 반구형~ 둥근산형 **갓의 표면** 밤갈색~황색 **갓의 점성** 있음(습할 때) **대의 높이** 5~6cm **대의 모양** 원통형 **대의 표면** 황색 **식용 여부** 식용

Suillus bovinus

붉은비단그물버섯

균심균류 | 주름버섯목 | 그물버섯과

여름이 막 시작될 무렵부터 소나무, 잣나무 등 침엽수 임지에서 산생 또는 군생한다. 갓 표면은 농적색 또는 자적색에서 담갈색이 되며, 섬유상 인편이 있고 습할 때는 끈적한 점성이 생긴다. 부드러운 식감을 가진 식용버섯으로 맛이 괜찮다. 갓 뒷면의 관공에서 나오는 흰 유액이 상처를 입으면 보라색으로 변하는 특징을 가졌다.

발생 시기 여름~가을 **발생 장소** 침엽수림 **발생 형태** 군생 **갓의 지름** 3~10cm **갓의 모양** 둥근산형~ 편평형 **갓의 표면** 자적색~담황색 **갓의 점성** 있음(습할 때) **대의 높이** 5~10cm **대의 모양** 원통형 **대의 표면** 담황색 **식용 여부** 식용

황금비단그물버섯

균심균류 | 주름버섯목 | 그물버섯과

 무게감 있는 외형과는 달리 만져보면 꽤 가볍다. '황금그물버섯'이라고도 하며, 가을 무렵 침엽수림의 지상에서 발생한다. 붉은비난그물버섯과 매우 흡사하나 갓 가장자리에 두른 노란 테로 구분할 수 있다. 육질은 대부분 흰색을 띠지만 노란색을 띠고 있는 것도있다. 두껍지만 부드러운 촉감을 주며, 씹는 맛이 강해 독특한 식감을 즐길 수있는 버섯이다.

발생 시기 가을 **발생 장소** 높은 산의 침엽수림 **발생 형태** 단생, 군생 **갓의 지름** 3~9cm **갓의 모양** 평반구형 **갓의 표면** 황갈색~적갈색 **갓의 점성** 없음 **대의 높이** 5~8cm **대의 모양** 원통형 **대의 표면** 황갈색 **식용 여부** 식용

접시껄껄이그물버섯

균심균류 | 주름버섯목 | 그물버섯과

'껄껄이그물버섯'이라고도 한다. 여름부터 참나무가 많은 활엽수림에서 대형 또는 초대형으로 발생한다. 갓은 건조하거나 성숙하면 표면이 갈라져 속살을 다 내비치고, 습하면 약간 점성을 띤다. 특유의 향이 있으며 보기와 다르게 맛이 아주 좋다. 튀김으로 만들면 맥주에 어울리는 좋은 안줏감이 된다. 하지만 벌레가 잘 붙는 버섯이라서 채취할 때 주의가 필요하다.

발생 시기 여름~가을 **발생 장소** 참나무 숲속의 땅 위 **발생 형태** 단생 **갓의 지름** 7~25cm **갓의 모양** 반구형~편평형 **갓의 표면** 황토색~갈등색 **갓의 점성** 있음 **대의 높이** 4~15cm **대의 모양** 원통형 **대의 표면** 황색~적황색 **식용 여부** 식용

Suillus luteus

식용버섯 | 159

털귀신그물버섯

균심균류 | 주름버섯목 | 귀신그물버섯과

여름부터 가을에 걸쳐 혼합림 내 지상에서 발생한다. 성장 초기에는 표면이 편평하지만 곧 무수한 꽃잎형 돌기가 형성되면서 솔방울 모양을 이룬다. 천연수지 향기를 풍기는 매력적인 버섯이지만, 부패가 빠르니 채취할 때는 서둘러야 한다. 씹는 맛이 아삭하고 감칠맛이 있어 어떤 요리와도 잘 맞는다. 검은 물이 계속 나오므로 여러번 헹궈서 이용해야 한다.

발생 시기 여름~가을 **발생 장소** 숲속의 부식토, 풀밭 **발생 형태** 단생, 군생 **갓의 지름** 2~5cm **갓의 모양** 구형 **갓의 표면** 백색~황갈색 **갓의 점성** 없음 **대의 높이** 없음 **대의 모양** 없음 **대의 표면** 없음 **식용 여부** 식용, 약용

Tricholoma matsurake

식용버섯 | 161

마른그물버섯

균심균류 | 주름버섯목 | 그물버섯과

'마른산그물버섯'이라고도한다. 여름부터 가을 동안에 활엽수림 또는 침엽수림 내 지상 또는 산 길가에서 산생 또는 소수 군생한다. 갓 표면은 건성이며 점성이 없고 융단처럼 매끄럽다. 조직의 표피 아래는 담홍색이지만, 상처를 입으면 청색으로 변하기도 한다. 식용가능한 버섯이며 지역에 따라 색깔 편차가 있다.

발생 시기 여름~가을 **발생 장소** 활엽수림의 땅 **발생 형태** 단생, 군생 **갓의 지름** 3~10cm **갓의 모양** 구형 **갓의 표면** 회갈색~암갈색 **갓의 점성** 없음 **대의 높이** 4~7cm **대의 모양** 원통형 **대의 표면** 적색~암적색 **식용 여부** 식용, 약용

피젖버섯

균심균류 | 주름버섯목 | 무당버섯과

　주름살에 상처를 주면 다른 젖버섯 종류와는 달리 청록색으로 변하는 특징을 가졌다. 여름부터 가을까지 잡목림의 지상에서 단생 또는 소수 군생하며, 대략 5~10cm의 크기로 반구형에서 편평형을 거쳐 깔때기형이 된다. 어릴 때 갓 표면에 있는 미분은 시간이 경과하면 탈락한다. 맛이 괜찮은 식용버섯으로, 유사한 버섯으로는 '젖버섯아재비'와 '붉은젖버섯'이 있다.

발생 시기 여름~가을 **발생 장소** 침엽수림 **발생 형태** 군생 **갓의 지름** 5~10cm **갓의 모양** 둥근 산형~ 편평형 **갓의 표면** 등황색~등적색 **갓의 점성** 있음(습할 때) **대의 높이** 3~5cm **대의 모양** 원통형 **대의 표면** 연한 등적색 **식용 여부** 식용

넓은갓젖버섯

균심균류 | 주름버섯목 | 무당버섯과

여름부터 가을에 걸쳐 활엽수 또는 침엽수림의 지상에서 발생한다. 갓 표면은 미세한 융단상의 털이 있으나 쉽게 소실되며 종종 잔주름이 생긴다. 갓 표면에 상처를 내면 하얀 유액이 다량 흘러나오는데, 젖버섯들이 분출하는 유액은 거의 무미 무취하고 무해하다. 먹을 만한 식용버섯으로, 육질은 다른 젖버섯류보다 부드럽지만 진한 국물은 나오지 않는다.

발생 시기 여름~가을 **발생 장소** 숲속의 땅 위 **발생 형태** 단생, 군생 **갓의 지름** 3~9cm **갓의 모양** 평반구형 **갓의 표면** 담갈황색~황갈색~등갈색 **갓의 점성** 없음 **대의 높이** 2.5~5cm **대의 모양** 원통형 **대의 표면** 옅은 황갈색 **식용 여부** 식용

젖버섯아재비

균심균류 | 주름버섯목 | 무당버섯과

늦여름부터 가을에 주로 적송림 내 지상에서 단생 또는 소수 군생한다. 지름 4~12cm 정도의 크기로 처음에는 평반구형이었다가 가운데가 오목한 깔때기 모양이 된다. 갓 표면은 습기가 있을 때는 점성이 조금 있고, 상처를 입으면 유액이 흘러 청록색으로 변색하기 때문에 자실체에 청록색의 얼룩이 진다. 향이 좋고 푹 끓이면 달콤한 국물이 나오는 맛 좋은 식용버섯이다.

발생 시기 여름~가을 **발생 장소** 침엽수림, 소나무 숲의 땅 **발생 형태** 군생 **갓의 지름** 4~12cm **갓의 모양** 평반구형~오목깔때기형 **갓의 표면** 담적갈색~황적갈색 **갓의 점성** 있음(습할 때) **대의 높이** 2~6 cm **대의 모양** 원통형 **대의 표면** 담적갈색 **식용 여부** 식용

붉은젖버섯

균심균류 | 주름버섯목 | 무당버섯과

늦여름부터 가을에 걸쳐 혼합림 내 지상에서 산생한다. 주름살에 상처를 내면 오렌지 색의 유액이 다량으로 분출되는데, 다른 젖버섯들과는 달리 유액은 시간이 경과해도 변하지 않는다. 주름살은 내린 주름살형으로 빽빽하고 좁으며, 성장하면 갓보다 짙은 등황색을 띤다. 향기는 별로지만 맛은 부드러운 편이다.

발생 시기 늦여름~가을 **발생 장소** 혼합림의 땅 위 **발생 형태** 산생 **갓의 지름** 4~15cm **갓의 모양** 반구형~깔때기형 **갓의 표면** 등황색 **갓의 점성** 있음 **대의 높이** 3.5~9cm **대의 모양** 원통형 **대의 표면** 등황색 **식용 여부** 식용

Lactarius laeticolorus

식용버섯 | 169

갈색쥐눈물버섯

균심균류 | 주름버섯목 | 먹물버섯과

'갈색먹물버섯'에서 속이 바뀌어서 개칭된 이름이다. 폭 1~4cm 정도의 소형버섯으로, 어릴 때는 달걀형이지만 성장함에 따라 갓머리를 열고 범종형으로 변한다. 주름살 역시 흰색이었다가 시간이 지나면서 검게 액화한다. 어린 버섯은 식용할 수 있다고 하지만, 술과 같이 먹으면 중독을 일으키는 경우가 생기므로 가급적 식용하지 않는 것이 좋다.

발생 시기 봄~가을 **발생 장소** 활엽수의 고목이나 그루터기 **발생 형태** 산생 또는 군생 **갓의 지름** 1~4cm **갓의 모양** 종형~원추형 **갓의 표면** 담황갈색 **갓의 점성** 없음 **대의 높이** 3~8cm **대의 모양** 원통형 **대의 표면** 백색 **식용 여부** 식용

Coprinus micaceus

두엄먹물버섯

균심균류 | 주름버섯목 | 먹물버섯과

먹물버섯 중 가장 유명한 버섯으로 하룻밤 만에 갓 부분이 없어져버리는 요상한 습성을 지녔다. 요즘엔 속이 바뀌어 '두엄흙물버섯'이라고 부른다. 검게 액화되기 전의 어린 버섯을 식용하는데, 씹는 느낌과 맛이 꽤 좋다. 다만 알코올의 분해를 방해하는 성분을 가지고 있기 때문에 술과 함께 먹으면 구토나 숙취 등의 나쁜 영향을 미칠 수 있다.

발생 시기 봄~가을 **발생 장소** 정원이나 밭, 썩은 나무 근처 **발생 형태** 군생 **갓의 지름** 5~8cm **갓의 모양** 종형~원추형 **갓의 표면** 회색~회갈색 **갓의 점성** 없음 **대의 높이** 7~20cm **대의 모양** 원통형 **대의 표면** 백색 **식용 여부** 식용

Coprinopsis atramentaria

식용버섯 | 173

재두엄먹물버섯

균심균류 | 주름버섯목 | 먹물버섯과

'재먹물버섯'에서 개칭된 이름이다. 먹물버섯 중에서 큰 편에 속한다. 늦은 봄에서 가을까지 초식동물의 배설물이나 두엄더미, 퇴비 위에서 군생한다. 표면은 성장 초기에는 담황색 바탕에 백색의 솜털 모양의 피막이 있으나 성장하면 탈락하여 일부만 남게 되며, 중앙 부위는 황토갈색이나 회황토색을 띠고 끝 부위부터 점차 회색 또는 회흑색으로 된다.

발생 시기 봄~가을 **발생 장소** 두엄더미, 퇴비 등 **발생 형태** 군생 **갓의 지름** 2~5cm **갓의 모양** 난형~종형 **갓의 표면** 회색~회흑색 **갓의 점성** 없음 **대의 높이** 3~10cm **대의 모양** 원통형 **대의 표면** 백색 **식용 여부** 식용

노랑쥐눈물버섯

균심균류 | 주름버섯목 | 먹물버섯과

 '노랑먹물버섯'에서 개칭된 이름이며 '황갈색먹물버섯'이라고도 한다. 받침대가 다른 먹물버섯보다 짧은 편이다. 여름부터 벚나무, 참나무, 수양버드나무 등의 그루터기나 통나무 등에서 발생한다. 주름살은 처음에는 백색이었다가 후에 갈색으로 변하고, 마지막에 흑색이 되는 액화현상이 일어난다. 식용버섯이지만 크기가 작고 수확량도 적어 별로 식용가치가 없다.

발생 시기 여름~가을 **발생 장소** 나무의 이끼류, 활엽수의 썩은 나무 위 **발생 형태** 군생, 속생 **갓의 지름** 2~3cm **갓의 모양** 난형~종형~편평형 **갓의 표면** 황갈색 **갓의 점성** 없음 **대의 높이** 2~5cm **대의 모양** 원통형 **대의 표면** 옅은 황갈색 **식용 여부** 식용(비추천)

큰눈물버섯

균심균류 | 주름버섯목 | 먹물버섯과

 늦은 봄부터 여름을 거쳐 추위를 느낄수 있는 늦가을까지 혼합림의 지상이나 잔디 위에 소형에서 중형까지 다양하게 발생한다. 조직의 중앙 부위는 다소 두껍고 끝 부위는 얇으며 갈색을 띤다. 맛과 향기는 분명하지 않지만 식용이 가능하다고 한다. 이름은 바뀌지 않았으나 학명이 바뀐 버섯이다.

발생 시기 늦은 봄~가을 **발생 장소** 정원이나 밭 **발생 형태** 군생 또는 속생 **갓의 지름** 5~8cm **갓의 모양** 달걀형~종형 **갓의 표면** 황갈색~회갈색 **갓의 점성** 없음 **대의 높이** 4~10cm **대의 모양** 원통형 **대의 표면** 적갈색~갈색 **식용 여부** 식용(비추천)

식용버섯 | 177

다색벚꽃버섯

균심균류 | 주름버섯목 | 벚꽃버섯과

'벚꽃버섯'이라고도 부른다. 가을 무렵 송이가 발생하는 시기에 참나무나 너도밤나무, 또는 침엽수가 혼재한 지상에서 산생 또는 군생한다. 맛은 약간 쏩스레하지만 살이 단단하고 풍미가 좋아 일부 지역에서는 술안주로 애지중지하는 경향이 있다. 버섯 자루는 씹으면 입에 근육이 붙을 정도로 단단하니 갓머리만 떼어내서 조리해야 한다.

발생 시기 늦여름~가을 **발생 장소** 침엽수림, 혼합림 **발생 형태** 단생, 소수 군생 **갓의 지름** 5~10cm **갓의 모양** 반구형~편평형 **갓의 표면** 백색~암적갈색 **갓의 점성** 있음 **대의 높이** 5~10cm **대의 모양** 원통형 **대의 표면** 적갈색~암적갈색 **식용 여부** 식용

콩나물애주름버섯

균심균류 | 주름버섯목 | 비늘버섯과

 초여름부터 가을에 참나무류나 활엽수의 그루터기 또는 그 주위의 낙엽에 총생 또는 군생한다. 자실체의 모양이나 색이 다양한 것으로 보고되어 있으며, 조직은 얇고 맛과 향기는 불분명하다. 여러 도감에는 먹을 수는 있다고 기록되어 있지만, 갓이 얇고 양감이 부족해서 식용버섯으로는 별 매력이 없다.

발생 시기 여름~가을 **발생 장소** 활엽수, 너도밤나무의 그루터기 **발생 형태** 군생 **갓의 지름** 2~5cm **갓의 모양** 종형·반구형 **갓의 표면** 갈색~황갈색 **갓의 점성** 있음 **대의 높이** 5~13cm **대의 모양** 원통형 **대의 표면** 회백색 **식용 여부** 식용(비추천)

식용버섯 | 181

큰마개버섯

균심균류 | 주름버섯목 | 못버섯과

갓은 지름 3~5cm로 반구형을 거쳐 가운데가 오목하게 파인 얕은 깔때기 모양이 된다. 표면은 담홍색 또는 장미에 가까운 적색이나 차차 검은 얼룩이 생기고 습할 때는 젤라틴질의 점성이 생긴다. 살짝만 끓여도 감칠맛 나는 국물을 맛볼 수 있는 아주 맛있는 버섯으로서 황소비단그물버섯과 같이 발생하는 경우가 많다.

발생 시기 여름~가을 **발생 장소** 침엽수림 **발생 형태** 산생 또는 단생 **갓의 지름** 3~5cm **갓의 모양** 원추형~편평형 **갓의 표면** 분홍색~담홍색 **갓의 점성** 있음(습할 때) **대의 높이** 3~6cm **대의 모양** 원통형 **대의 표면** 유백색~분홍색 **식용 여부** 식용

Gomphidius roseus

식용버섯 | 183

밤버섯

균심균류 | 주름버섯목 | 주름버섯과

숲속이나 풀밭의 땅 위에서 난다. 맛이 좋은 식용버섯으로, 매우 두껍고 단단해 보이나 만져보면 약간 말랑한 느낌이 있다. 유리아미노산이 풍부해 항암작용을 한다고 알려져 있으며, 이탈리아에서는 파스타 등에 넣어 먹는다. 우리나라에서도 가을에 김장처럼 재워두고 먹는다고 한다. '다색벚꽃버섯'과 혼동하지만 서로 다른 버섯이다.

발생 시기 봄~가을 **발생 장소** 숲속, 풀밭의 땅 위 **발생 형태** 단생, 군생 **갓의 지름** 4~15cm **갓의 모양** 반구형~편평형 **갓의 표면** 백색~회백색 **갓의 점성** 없음 **대의 높이** 3~7cm **대의 모양** 원통형 **대의 표면** 백색 **식용 여부** 식용, 약용

난버섯

균심균류 | 주름버섯목 | 난버섯과

봄부터 가을까지 주로 썩은 활엽수 고사목이나 썩은 톱밥더미 위에 군생한다. 처음에는 난형 또는 평반구형이었다가 차츰 편평형으로 변한다. 조직은 육질형이며 비교적 얇고 백색이다. 자실체 자체에 수분이 많은 편이나 흙 냄새 또는 먼지 냄새가 난다. 냄새는 가열하면 더 심하게 나기 때문에 식용으로 삼기엔 불충분하다.

발생 시기 봄~가을 **발생 장소** 활엽수의 고목이나 그루터기 **발생 형태** 군생 **갓의 지름** 5~13cm **갓의 모양** 둥근 산형~볼록편평형 **갓의 표면** 회갈색 **갓의 점성** 없음 **대의 높이** 6-12cm **대의 모양** 원통형 **대의 표면** 황백색 **식용 여부** 식용(비추천)

Pluteus atricapillus

노란난버섯

균심균류 | 주름버섯목 | 난버섯과

    선명한 노란색을 자랑하듯 피어나는 버섯이다. 자라면서 갓 뒤쪽의 주름이 빨갛게 변한다. 봄부터 가을에 걸쳐 활엽수의 썩은 줄기 또는 톱밥 위에 군생하며, 종종 썩은 침엽수에도 나기도 한다. 된장국을 끓이면 색이 빠져 국물이 노랗게 변하지만, 인체에는 무해하며 충분히 버섯 특유의 향을 느낄 수 있다. 육질은 연해서 씹을수록 입안에서 살살 녹는다.

발생 시기 초여름~초겨울 **발생 장소** 썩은 활엽수 **발생 형태** 군생, 총생 **갓의 지름** 2~7cm **갓의 모양** 반구형~편평형 **갓의 표면** 담황색~황색 **갓의 점성** 없음 **대의 높이** 3~7cm **대의 모양** 원통형 **대의 표면** 황백색 **식용 여부** 식용

Pluteus lecninus Kummer

솔버섯

균심균류 | 주름버섯목 | 주름버섯과

'붉은털무리버섯'이라고도 한다. 오랫동안 독버섯 취급을 받았으나 최근부터 식용한다. 여름부터 가을까지 침엽수림의 고목주변에서 발생하며, 냄새를 맡아보면 외모와는 거리가 먼 상쾌한 향기가 진동한다. 체질에 따라서 설사나 복통을 일으키는 수가 있으니 식용할 때는 곰곰히 생각해야 하는 버섯이다.

발생 시기 여름~가을 **발생 장소** 침엽수의고목, 그루터기 **발생 형태** 단생, 속생 **갓의 지름** 4~10cm **갓의 모양** 종형~볼록편평형 **갓의 표면** 황색~암황색 **갓의 점성** 없음 **대의 높이** 4~10cm **대의 모양** 원통형 **대의 표면** 황적갈색 **식용 여부** 식용(비추천)

턱수염버섯

균심균류 | 주름버섯목 | 주름버섯과

 갓의 밑면에 나 있는 침상돌기가 마치 수염 같다고 해서 턱수염이라는 이름이 붙었다. '흰턱수염버섯'과 같은 종이다. 조직은 두껍지만 의외로 부서지기 쉬우므로 조심해서 다루어야 한다. 향기가 강하고 씹는 감촉이 독특해서 일본에서는 인기 있는 야생 버섯이며, 프랑스 식탁에도 자주 오르는 맛있는 버섯이다.

발생 시기 여름~가을 **발생 장소** 침엽수림이나 혼합림 **발생 형태** 군생 **갓의 지름** 4~10cm **갓의 모양** 평반구형~오목편평형 **갓의 표면** 황갈색~등황색 **갓의 점성** 없음 **대의 높이** 2~5cm **대의 모양** 원통형 **대의 표면** 담황색 **식용 여부** 식용

보라끈적버섯

균심균류 | 주름버섯목 | 끈적버섯과

매우 희귀한 버섯이다. 9월부터 가을이 끝나는 동안 활엽수와 소나무가 함께 어울리는 숲에서 단생 또는 산생한다. 대략 10cm까지 자라며, 반구형에서 차츰 편평한 모양으로 변한다. 갓 표면은 미세한 털 또는 작은 인편으로 덮여 있고 습하면 점성이 생긴다. 식용버섯이지만 맛은 그다지 기대할 만한 수준은 아니며, 위장 장애를 겪을 수 있으므로 주의가 필요하다.

발생 시기 가을 **발생 장소** 활엽수와 소나무숲의 혼합림 **발생 형태** 단생 또는 산생 **갓의 지름** 5~10cm **갓의 모양** 반구형~편평형 **갓의 표면** 보라색 **갓의 점성** 있음 **대의 높이** 6~10cm **대의 모양** 원통형 **대의 표면** 자주색 **식용 여부** 식용(비추천)

풍선끈적버섯

균심균류 | 주름버섯목 | 끈적버섯과

 자루뿌리가 크게 부풀어 오르는 특징으로 '풍선'이란 이름을 얻은 듯 싶다. 여름부터 가을까지 침엽수 및 활엽수의 임지에서 소형 또는 중형으로 피어나며 갈색, 적갈색, 자갈색 등 색깔 변화가 매우 크다. 삶아도 자실체의 보라빛 색깔은 없어지지 않는다. 조직을 손으로 찢으면 먹음직스런 연자주색 속살이 나타나지만 맛과 냄새가 특별한 것은 아니다.

발생 시기 여름~가을 **발생 장소** 숲 속의 땅 위 **발생 형태** 군생 **갓의 지름** 3~13cm **갓의 모양** 평반구형~편평형 **갓의 표면** 갈색-황갈색 **갓의 점성** 없음 **대의 높이** 3~10cm **대의 모양** 원통형 **대의 표면** 자주색~담자색 **식용 여부** 식용

진흙끈적버섯

균심균류 | 주름버섯목 | 끈적버섯과

　이름 값하듯 습할 때는 끈적끈적한 점성을 띤다. 점액은 마치 들기름을 잔뜩 바른 것처럼 강렬해서 다른 버섯과 함께 뒀다가는 모두 기름 범벅이 되어버린다. 표면은 오렌지에 가까운 황갈색이나 적갈색 또는 토갈색 등 다양한 색깔로 발생하기도 한다. 조직이 매우 두껍고 식감 역시 좋지만, 다른 버섯에 비해 맛과 향기가 2% 부족한 식용버섯이다.

발생 시기 가을 **발생 장소** 활엽수, 침엽수 주변 **발생 형태** 다발 군생 **갓의 지름** 4~7cm **갓의 모양** 반구형~편평형 **갓의 표면** 진갈색~등황갈색 **갓의 점성** 매우 강함 **대의 높이** 4~8cm **대의 모양** 원통형 **대의 표면** 백색~담청자색 **식용 여부** 식용

민자주방망이버섯

균심균류 | 주름버섯목 | 송이버섯과

'가지버섯'으로도 불린다. 초가을부터 11월까지 볼 수 있는 버섯으로 체내의 콜레스테롤 수치를 낮춰 피를 맑게 해 주는 효능이 탁월하다. 데쳐서 소금물에 하루 정도 우려낸 다음에 식용한다. 서늘한 곳에서 잘 말려두었다가 요리할 때만 조금씩 데쳐서 먹으면 당뇨나 고혈압 환자들에게 큰 도움이 된다.

발생 시기 가을~초겨을 **발생 장소** 잡목림 내 땅 위 **발생 형태** 산생 또는 군생 **갓의 지름** 6~10cm **갓의 모양** 둥근 산형~편평형 **갓의 표면** 자주색 **갓의 점성** 없음 **대의 높이** 4~12cm **대의 모양** 원통형 **대의 표면** 자색~유백색 **식용 여부** 식용, 약용

굴털이버섯

균심균류 | 주름버섯목 | 무당버섯과

왜 '젖버섯'이라고도 부르는지 채집해 보면 알게 된다. 살짝 긁기만 해도 매운 성분이 담긴 하얀 유액이 줄줄 흐른다. 이 유액은 다른 젖버섯 종류와는 다르게 시간이 가도 변색하지 않는다. 여름부터 가을까지 혼합림 내에서 발생하는 중형버섯으로, 매운 맛을 일으키는 물질은 물에 담갔다가 요리하면 없어지며 요퇴부동통, 수족마비 등에 약으로 쓴다.

발생 시기 여름~가을 **발생 장소** 혼합림내의 땅 위 **발생 형태** 군생 **갓의 지름** 4~18cm **갓의 모양** 오목형~깔때기형 **갓의 표면** 백색~담황색 **갓의 점성** 있음 **대의 높이** 3~10cm **대의 모양** 원통형 **대의 표면** 백색 **식용 여부** 식용, 약용

벌집구멍장이버섯

균심균류 | 구멍장이버섯목 | 구멍장이버섯과

'벌집버섯'이라고 부르다가 속명이 바뀐 이름으로 봄부터 여름까지 활엽수의 죽은 가지나 살아있는 뽕나무에서 자주 발생하는 목재백색부후균이다. 관공구는 매우 큰 육각형으로 벌집모양을 이룬다. 겉으로 볼 땐 딱딱해 보이지만 만져보면 의외로 부드러워서 깜짝 놀라게 된다. 국물용으로 쓰기도 한다지만 식용으로는 부적당하고 오직 약용으로 사용한다.

발생 시기 봄~여름 **발생 장소** 활엽수의 죽은 가지, 뽕나무 **발생 형태** 산생 **갓의 지름** 2~6cm **갓의 모양** 원형~콩팥형 **갓의 표면** 황백색 또는 담황색 **갓의 점성** 없음 **대의 높이** 없음 **대의 모양** 없음 **대의 표면** 없음 **식용 여부** 약용

꽃송이버섯

균심균류 | 구멍장이버섯목 | 꽃송이버섯과

주로 침엽수의 그루터기나 고목에서 꽃송이 모양으로 발생한다. 담백하며 씹는 맛이 좋고 송이와 같은 향이 나지만, 조직이 질기므로 충분히 익혀야 한다. 다른 버섯보다 훨씬 많은 베타글루칸이 면역력을 높여 고혈압, 당뇨, 암 등 다양한 면역질환에 효과가 있다. 특히 정상적인 세포의 면역기능을 반드시 높여야 하는 암 환자들에게 큰 효과가 있다.

발생 시기 여름~가을 **발생 장소** 침엽수의 죽은 뿌리, 그루터기 **발생 형태** 단생 **자실체의 지름** 10~25cm **자실체의 모양** 물결형 **자실체의 표면** 담황색 **갓의 점성** 있음 **대의 높이** 2~5cm **대의 모양** 원통형 **대의 표면** 연한 자색 **식용 여부** 식용, 약용

식용버섯 | 207

잔나비불로초

균심균류 | 구멍장이버섯목 | 잔나비걸상버섯과

'잔나비걸상'에서 바뀐 이름으로 활엽수의 고사목에서 1년 내내 목재를 썩히며 성장한다. 수 년 간 성장을 계속하여 지름이 50cm가 넘는 것도 있다. 항종양 억제율이 64%에 이를 만큼 암 억제효과가 상당하며, 일본의 한 대학병원의 연구를 통해 암 중에서도 위암과 식도암에 상당한 도움을 주는 버섯인 것으로 밝혀졌다.

발생 시기 봄~가을 **발생 장소** 활엽수의 생나무나 고목 **발생 형태** 단생 또는 군생 **자실체의 지름** 20~50cm **자실체의 모양** 반원형 **자실체의 표면** 회갈색~회흑색 **자실체의 점성** 없음 **대의 모양** 없음 **대의 표면** 없음 **식용 여부** 약용

Ganoderma applanatum

말똥진흙버섯

균심균류 | 구멍장이버섯목 | 구멍장이버섯과

'자작나무상황버섯'이라고도 한다. 조직은 희고 대단히 단단하다. 자작나무에서 발생하는 버섯으로, 나무의 모양에 따라 말발굽 모양이거나 말똥이 겹겹이 쌓인 모양이 된다. 항암효과가 무려 96.7%나 되는 귀중한 약재로 일부 채집가들은 상황버섯 중 최고로 평가한다. 유방암, 위암, 자궁암, 폐암 등 갖가지 암의 세포증식을 억제하는 것이 실제로 증명된 버섯이다.

발생 시기 1년 내내 **발생 장소** 자작나무의 생나무나 고목 **발생 형태** 중생 **자실체의 지름** 10~20cm **자실체의 모양** 말굽형 **자실체의 표면** 황백색~황갈색 **자실체의 점성** 없음 **대의 모양** 없음 **대의 표면** 없음 **식용 여부** 약용

붉은덕다리버섯

균심균류 | 구멍장이버섯목 | 덕다리버섯과

　9월에 들어서면서 침엽수 혹은 활엽수의 고목이나 생목의 그루터기에서 붉게 피어난다. 황색의 덕다리버섯에 비해 붉은덕다리버섯은 주황색에 가깝다. 붉은색을 띤 것과 귓불 정도로 얇은 것을 최상품으로 친다. 어린 버섯은 육질이 연해 식용 가능하지만 금세 단단해지고 쉽게 부서져 먹을 수 없게 된다. 중풍, 뇌졸증, 폐결핵 등에 약용한다.

발생 시기 가을 **발생 장소** 침엽수, 활엽수의 고목이나 그루터기 **발생 형태** 중생 **자실체의 지름** 5~20cm **자실체의 모양** 반원형~부채형 **자실체의 표면** 주홍색 **자실체의 점성** 없음 **대의 모양** 없음 **대의 표면** 없음 **식용 여부** 식용, 약용

Laetiporus montanus

식용버섯 | 213

불로초_영지버섯

균심균류 | 민주름버섯목 | 불로초과

우리가 흔히 부르는 이름은 '영지버섯'이다. 갓과 대는 물론이고 자실체 모두가 옻칠을 한 것처럼 니스상의 물질로 광택이 난다. 이 광택은 버섯이 죽은 후에도 잘 변하지 않는다. 체내의 독을 풀어 암 종양의 성작을 억제하고 혈압을 조절하며 피를 정화하며 혈당을 줄인다. 장기복용해야 효과를 볼 수 있으며, 가능하면 술을 담거나 쓴 상태 그대로 먹는 것이 제일 좋다.

발생 시기 여름~가을 **발생 장소** 활엽수의 뿌리 밑둥, 그루터기 **발생 형태** 단생, 중생 **갓의 지름** 5~15cm **갓의 모양** 콩팥형, 타원형 **갓의 표면** 황갈색~적갈색 **갓의 점성** 없음 **대의 높이** 5~15cm **대의 모양** 불규칙 원통형 **대의 표면** 흑갈색 **식용 여부** 약용

Ganoderma sichuanense

식용버섯 | 215

말굽버섯

균심균류 | 민주름버섯목 | 구멍장이버섯과

소형과 대형으로 발생하며 형태와 색깔이 다양해 혼동되기 쉬운 버섯이다. 여타 상황버섯에 비하여 항암, 항염증이 월등히 높다는 평가를 받는데, 특히 소화기 질병에 좋아 식도암과 위암 등에 효과가 있다. 숙주의 종류에 따라 형태가 조금씩 다르며, 너도밤나무나 자작나무에서 자라는 것을 우수한 개체로 평가한다.

발생 시기 봄~가을 **발생 장소** 활엽수의 고목 또는 생목 **발생 형태** 군생 **자실체의 지름** 10~50cm **자실체의 모양** 말발굽형 **자실체의 표면** 회백색~ 암회색 **자실체의 점성** 없음 **대의 모양** 없음 **대의 표면** 없음 **식용 여부** 약용

항암버섯의 대명사

상황 버섯은 예로부터 죽은 사람을 살리는 불로초라 불릴 만큼 극찬을 받고 있는 버섯이다. 특히 항암효과가 대단하다. 부작용이 전혀 없으면서도 인체의 면역기능을 쑥쑥 활성화시켜 각종 암을 치료할 수 있는 것으로 알려져 있다. 하루 30g 정도를 먹는 것이 좋다. 상황 버섯 우려낸 물을 차처럼 수시로 마시면 된다.

노루궁뎅이버섯

균심균류 | 민주름버섯목 | 산호침버섯과

가을에 활엽수의 상처 부위, 고목 또는 잘린 부위에 발생한다. 전체가 백색이고 짧고 뭉툭한 원통형의 대에서 길게 늘어진 수염이 마치 염소나 사슴 또는 노루 꼬리모양과 같다. 조직은 육질형으로 맛과 향기는 부드럽다. 베타글루칸이라는 성분이 암 환자 세포의 면역기능을 활성화시켜 암세포의 증식과 재발을 억제하는데 탁월한 효능을 발휘한다.

발생 시기 가을 **발생 장소** 활엽수의 생목의 상처부위 **발생 형태** 단생 **자실체의 지름** 5~25cm **자실체의 모양** 반구형 **자실체의 표면** 백색 **자실체의 점성** 없음 **대의 높이** 없음 **대의 모양** 없음 **대의 표면** 없음 **식용 여부** 식용, 약용

Hericium erinacium

산호침버섯

균심균류 | 민주름버섯목 | 산호침버섯과

'수실노루궁뎅이버섯'이라고도 한다. 가을에 활엽수의 생목의 상처 부위, 고목 또는 잘린 부위에 발생한다. 각 분지와 분지 끝에서 수양버들 모양의 긴 수염이 늘어져 있어 나무줄기에 산호가 거꾸로 부착되어 있는 모양이다. 매우 드물게 발생하며, 식용버섯으로 맛이 좋아 중국에서는 고급 식재료로 사용된다. 약성은 노루궁뎅이버섯과 비슷하다.

발생 시기 가을 **발생 장소** 활엽수 그루터기, 상처부위 **발생 형태** 단생 **자실체의 지름** 8~21cm **자실체의 모양** 산호형 **자실체의 표면** 백색~다갈색 **자실체의 점성** 없음 **대의 높이** 없음 **대의 모양** 없음 **대의 표면** 없음 **식용 여부** 식용, 약용

기와버섯

균심균류 | 무당버섯목 | 무당버섯과

'청버섯', '청갈버섯'이라고도 하며 여름부터 가을에 활엽수림 내 지상에 산생 또는 소수 군생한다. 다 자라면 갓의 표피가 갈라져 마치 깨진 기와를 늘어놓은 것처럼 된다. 예부터 널리 알려진 식용버섯으로 풍미 넘치고 맛있는 국물이 나오며, 암 억제율이 높은 항암제인 '클레스틴'이 추출되어 암의 치료뿐만 아니라, 예방에도 높은 효력이 있는 버섯이다.

발생 시기 여름~가을 **발생 장소** 참나무,자작나무 임지 **발생 형태** 산생, 소수 군생 **갓의 지름** 5~15cm **갓의 모양** 반구형~편평형 **갓의 표면** 녹색~회녹색 **갓의 점성** 없음 **대의 높이** 3~10cm **대의 모양** 원통형 **대의 표면** 백색~유백색 **식용 여부** 식용, 약용

구름송편버섯_운지버섯

균심균류 | 구멍장이버섯목 | 송이버섯과

우리가 운지버섯이라고 부르는 버섯으로 '구름버섯'에서 개칭된 이름이다. 대가 없고 구름모양 또는 꽃 모양, 기왓장을 올려놓은 모습처럼 피어난다. 조직이 매우 질기고 딱딱하며 맛도 없어서 식용으로 쓰지는 않지만, 항암성분인 '크레스틴(PSK)'이 발견되어 위암, 식도암, 유방암, 특히 간세포가 망가진 만성 간 질환 환자에게 효과가 있다.

발생 시기 여름~가을 **발생 장소** 침엽수, 활엽수의 고목, 그루터기 **발생 형태** 군생 **갓의 지름** 2~5cm **갓의 모양** 반원형, 구름형 **갓의 표면** 황갈색, 암갈색 **갓의 점성** 없음 **대의 높이** 없음 **대의 모양** 없음 **대의 표면** 없음 **식용 여부** 약용

콩꼬투리버섯

균심균류 | 동충하초강 | 콩꼬투리버섯과

'뿔콩꼬투리버섯'이라고도 한다. 높이 3~8cm로 불규칙한 곤봉모양이 거나 사슴뿔처럼 생겼다. 미세한 털로 덮여 있는 자실체의 표면은 회백색이나 나중에는 전체가 흑색이 되며, 부러뜨려 보면 조직은 하얀 색이다. 식용에 부적합하고 오직 약으로 이용한다. 항종양, 혈압강하 및 빈혈증 치료에 도움을 준다고 알려져 있다.

발생 시기 봄~가을 **발생 장소** 활엽수 죽은 나무 위 **발생 형태** 단생, 군생 **자실체의 높이** 3~8cm **자실체의 모양** 사슴뿔형 **자실체의 표면** 회백색~흑색 **자실체의 점성** 없음 **대의 모양** 원통형 **대의 표면** 회백색~흑색 **식용 여부** 약용

Xylaria hypoxylon

까치버섯

균심균류 | 사마귀버섯목 | 굴뚝버섯과

일부 지역에서는 '먹버섯'이라고 부르기도 한다. 활엽수와 침엽수가 함께 자라는 숲속에 단생 또는 군생한다. 약간 쌉싸름하지만 깊이 있는 맛이 일품이다. 끓이면 먹물이 나와 국물이 까맣게 변하지만, 한번 데쳐서 초장에 찍어먹거나 무쳐서 먹으면 된다. 물론 생으로도 먹을수 있다. 자실체에 함유된 '폴리오젤린'이란 성분이 위암을 예방하는 작용을 한다.

발생 시기 여름~가을 **발생 장소** 혼합림 내 지상 **발생 형태** 단생, 일부 군생 **자실체의 높이** 6~12cm **자실체의 모양** 꽃양배추형 **자실체의 표면** 회백색~회흑색 **자실체의 점성** 없음 **대의 모양** 없음 **대의 표면** 없음 **식용 여부** 식용, 약용

먼지버섯

균심균류 | 어리알버섯목 | 먼지버섯과

봄부터 가을에 걸쳐 숲 속, 길가의 비탈진 언덕, 정원 등에 군생한다. 중앙부의 머리구멍에서 포자를 먼지처럼 퐁퐁 쏟아 낸다고 먼지버섯이라고 부른다. 어릴 때는 공 모양이나 성숙하면 6~8조각으로 갈라져 마치 바다의 불가사리처럼 보인다. 매운 맛이 강해 식용엔 부적합하고 지혈, 해열작용과 혈액 순환을 촉진하는 효과로 약으로 많이 이용한다.

발생 시기 여름~가을 **발생 장소** 숲 속, 길가의 언덕, 정원 **발생 형태** 단생 혹은 산생 **갓의 지름** 2~3cm **갓의 모양** 구형~편구형 **갓의 표면** 회갈색~흑갈색 **갓의 점성** 없음 **대의 높이** 없음 **대의 모양** 없음 **대의 표면** 없음 **식용 여부** 약용

밀버섯

균심균류 | 주름버섯목 | 낙엽버섯과

여름부터 가을에 걸쳐 활엽수림, 침엽수림 내의 낙엽 위에서 군생 또는 속생하며 낙엽 분해에도 큰 역할을 한다. 조직이 두껍고 탄력성이 있지만 특별한 향기는 없다. 밀가루 냄새가 나고 쓰기 때문에 쓴맛을 중화시키기 위해서는 한 번 끓여내거나 고온으로 굽는다. 풍부하게 함유된 다당체 성분이 항 종양 작용을 한다고 알려져 있다.

발생 시기 여름~가을 **발생 장소** 혼합림 **발생 형태** 군생 **갓의 지름** 1~5cm **갓의 모양** 평반구형~편평형 **갓의 표면** 담황색~담회갈색 **갓의 점성** 없음 **대의 높이** 2~8cm **대의 모양** 원통형 **대의 표면** 갈색 또는 살색 **식용 여부** 식용, 약용

Collybia confluens

식용버섯 | 235

잎새버섯

균심균류 | 민주름버섯목 | 구멍장이버섯과

무수한 작은 갓이 둥글게 무리를 지어 대형의 버섯을 이룬다. 표면은 흑갈색이었다가 후에 회갈색 또는 흰색으로 된다. '향은 송이, 맛은 잎새'라고 할 만큼 씹히는 식감과 향이 매우 좋다. 뛰어난 항암효과와 콜레스테롤 억제작용 등으로 상황버섯에 이어 두 번째로 항암효과가 높은 버섯이며, 무려 93.6%의 종양 저지율을 가지고 있다.

발생 시기 가을 **발생 장소** 활엽수, 특히 참나무, 밤나무, 후박나무 **발생 형태** 다발군생 **갓의 지름** 15~30cm **갓의 모양** 부채형~꽃다발형 **갓의 표면** 흑색~흑갈색 **갓의 점성** 없음 **대의 모양** 원통형 **대의 표면** 백색~담회색 **식용 여부** 식용, 약용

차가버섯

균심균류 | 소나무비늘버섯목 | 소나무비늘버섯과

불완전한 덩어리 모양으로 처음에는 얇고 불규칙하게 퍼져있다가 나중에 균핵 모양을 이룬다. 겨울에 발견하기가 가장 쉬우며, 너도밤나무에서도 자란다고 보고 되어 있지만 자작나무 이외에서는 거의 볼 수 없다. 차로 해서 먹으면 구수한 차 향기가 진동을 한다. 일본에서 '모든 병을 다스리는 만병통치약'이라고 말할 정도로 호평 받는 버섯이다.

발생 시기 겨울 **발생 장소** 오래된 자작나무 **발생 형태** 산생, 군생 **자실체의 지름** 10~30cm **자실체의 모양** 원추형 또는 긴 타원형 **자실체의 표면** 흑갈색 또는 흑색 **자실체의 점성** 없음 **대의 모양** 없음 **대의 표면** 없음 **식용 여부** 약용

잣버섯

균심균류 | 구멍장이버섯목 | 구멍장이버섯과

침엽수 중 주로 소나무 고사목 또는 그루터기에서 발생한다. 갓의 지름은 5~15cm로 초기에는 평반구형이나 차차 편평형이된다. 어릴 때는 부드러운 육질형이나 성장하면 치밀하며 단단한 육질형으로 된다. 송이버섯 향이 있고 맛이 부드러운 식용버섯이지만 가벼운 중독을 일으키기도 한다. 신체 조절 기능, 항 질병의 효능을 지녔다.

발생 시기 여름~가을 **발생 장소** 침엽수의 고사목 **발생 형태** 단생, 총생 **갓의 지름** 4~15cm **갓의 모양** 유구형~편평형 **갓의 표면** 크림색~황갈색 **갓의 점성** 없음 **대의 높이** 3~5cm **대의 모양** 원통형 **대의 표면** 백색 **식용 여부** 식용, 약용

Lentinus lepideus

침버섯

균심균류 | 구멍장이버섯목 | 송이버섯과

'참바늘버섯' 또는 '긴수염버섯'이라고도 한다. 상큼한 과일 향이 나는 맛있는 식용버섯으로, 주로 활엽수에 붙어 자라지만 오히려 너도밤나무의 그루터기에서 많이 발생한다. 대의 모양이 거의 없으며 이빨 같은 자실층은 끝이 꽤 날카롭다. 혈압 및 혈당감소 효과, 항암 등의 우수한 기능을 가지고 있다고 알려져 최근 들어 국내에서도 시험 재배하고 있는 식균이다.

발생 시기 여름~가을 **발생 장소** 활엽수의 고목, 그루터기 **발생 형태** 산생, 군생 **갓의 지름** 3~10cm **갓의 모양** 부채꼴~주걱형 **갓의 표면** 백색 또는 담황색 **갓의 점성** 없음 **대의 높이** 없음 **대의 모양** 없음 **대의 표면** 없음 **식용 여부** 식용, 약용

치마버섯

균심균류 | 주름버섯목 | 치마버섯과

'나무틈새버섯'이라고도 한다. 봄부터 가을 동안에 활엽수나 침엽수의 고목에서 속생하는 목재백색부후균이다. 갓은 지름 1~3cm로 부채처럼 생긴 표면에 회갈색의 털이 빽빽히 나 있다. 조직은 건조할 때면 오므렸다가 물에 담그면 퍼진다. 중국에서는 식용한다지만 우리나라에서는 오직 약용으로만 이용한다. 항암 성분이 있다고 알려져 있다.

발생 시기 여름~가을 **발생 장소** 숲, 풀밭의 땅 위 **발생 형태** 속생 **갓의 지름** 1~3cm **갓의 모양** 부채형·조개형 **갓의 표면** 백색~회색 **갓의 점성** 없음 **대의 높이** 없음 **대의 모양** 없음 **대의 표면** 없음 **식용 여부** 식용, 약용

한입버섯

균심균류 | 구멍장이버섯목 | 구멍장이버섯과

    침엽수, 특히 소나무에 옹기종기 붙어있는 모습이 마치 밤이나 도토리를 연상시킨다. 표면은 황갈색 또는 적갈색이고 니스를 칠한 듯한 광택이 있다. 시원한 송진 향 때문에 천연방향제로 사용할 수 있고, 술을 담그거나 차로 마시면 기관지 천식은 물론 항종양에도 효능을 볼 수 있는 유익한 버섯이다. 4~5월에 채취하는 것이 약성의 효능이 가장 좋다고 한다.

발생 시기 1년 내내 **발생 장소** 침엽수(특히 소나무) **발생 형태** 군생 **자실체의 지름** 2~10cm **자실체의 모양** 밤 또는 조개 모양 **자실체의 표면** 황갈색, 적갈색 **자실체의 점성** 없음 **대의 모양** 없음 **대의 표면** 없음 **식용 여부** 식용, 약용

독청버섯아재비

균심균류 | 주름버섯목 | 송이버섯과

턱받이 아래가 별처럼 8~9갈래로 갈라져 '별가락지버섯'이라고도 부른다. 주로 쓰레기장이나 목장 부근의 짐승의 똥이 많은 지저분한 장소에서 발생하며, 곰팡내가 나고 이름에 독이 붙어 독버섯이라고 생각하겠지만 보기와 다르게 개운하고 입안의 감촉이 좋은 버섯이다. 독소를 분해하는 효능이 탁월해서 악성 종양을 치료할 때 자주 쓴다고 알려져 있다.

발생 시기 봄~가을 **발생 장소** 쓰레기장, 목장 부근 **발생 형태** 단생, 군생 **갓의 지름** 6~15cm **갓의 모양** 둥근산형~편평형 **갓의 표면** 적갈색 **갓의 점성** 있음(습할 때) **대의 높이** 7~15cm **대의 모양** 원통형 **대의 표면** 백색~갈황색 **식용 여부** 식용, 약용

식용버섯 | 249

ㅈ ㅊ ㅋ

자주국수버섯 · 140
자주싸리국수버섯 · 137
자주졸각버섯 · 102
잔나비불로초 · 208
잣버섯 · 240
재두엄먹물버섯 · 174
잿빛만가닥버섯 · 38
점박이어리알버섯 · 271
접시껄껄이그물버섯 · 158
젖버섯아재비 · 166
젖비단그물버섯 · 154
조각무당버섯 · 120
졸각버섯 · 100
좀나무싸리버섯 · 134
좀말불버섯 · 20
좀목이 · 96
주름우단버섯 · 257
진흙끈적버섯 · 198
차가버섯 · 238
청머루무당버섯 · 122
치마버섯 · 244
침버섯 · 242
콩꼬투리버섯 · 228
콩나물애주름버섯 · 180
큰갓버섯 · 44
큰눈물버섯 · 176
큰마개버섯 · 182
큰비단그물버섯 · 152
턱받이광대버섯 · 261
턱수염버섯 · 192

털귀신그물버섯 · 160
털목이 · 94

ㅍ ㅎ

파리버섯 · 265
뽕나무버섯 · 68
표고버섯 · 66
푸른주름무당버섯 · 124
풀버섯 · 42
풍선끈적버섯 · 196
피젖버섯 · 164
하늘색깔때기버섯 · 118
하얀맘버섯 · 274
한입버섯 · 246
혈색무당버섯 · 130
혓바늘목이 · 97
홍색애기무당버섯 · 126
화경버섯 · 253
황금비단그물버섯 · 156
황금뿔나팔버섯 · 112
황금싸리버섯 · 275
황소비단그물버섯 · 150
회흑색광대버섯 · 263
흙무당버섯 · 279
흰가시광대버섯 · 262
흰국수버섯 · 138
흰꼭지버섯 · 282
흰달걀버섯 · 36
흰독큰깃비섯 · 283
흰목이 · 92
흰무당버섯아재비 · 272

ㅁ
마귀광대버섯 • 256
마른그물버섯 • 162
말굽버섯 • 216
말똥진흙버섯 • 210
말뚝버섯 • 56
말불버섯 • 16
말징버섯 • 26
망태버섯 • 52
먼지버섯 • 232
목이 • 90
목장말똥버섯 • 255
목장말불버섯 • 22
무리우산버섯 • 50
민자주방망이버섯 • 200
밀버섯 • 234

ㅂ
밤버섯 • 184
뱀껍질광대버섯 • 264
벌집구멍장이버섯 • 204
보라끈적버섯 • 194
보라발졸각버섯 • 104
불로초 • 214
붉은꼭지버섯 • 280
붉은꾀꼬리버섯 • 60
붉은덕다리버섯 • 212
붉은비단그물버섯 • 155
붉은사슴뿔버섯 • 269

붉은싸리버섯 • 273
붉은젖버섯 • 168
붉은창싸리버섯 • 136
비늘버섯 • 76
비단그물버섯 • 148
뽕나무버섯 • 72
뽕나무버섯부치 • 74
뿔나팔버섯 • 114

ㅅ
산느타리 • 64
산호침버섯 • 222
새송이 • 88
소혀버섯 • 108
솔버섯 • 190
송이 • 84
싸리버섯 • 132
쏜송이 • 89

ㅇ
알광대버섯 • 260
애기무당버섯 • 278
애우산광대버섯 • 284
양송이 • 86
연기색만가닥버섯 • 40
영지버섯 • 214
우산버섯 • 46
운지버섯 • 226
잎새버섯 • 236

찾아보기

ㄱ

가는대눈물버섯 • 267
가시갓버섯 • 43
가시말불버섯 • 18
가죽밤그물버섯 • 142
가지무당버섯 • 128
가지색그물버섯 • 144
갈색산그물버섯 • 146
갈색쥐눈물버섯 • 170
개나리광대버섯 • 254
검은말똥버섯 • 259
검은비늘버섯 • 80
고동색우산버섯 • 48
곰보버섯 • 28
광대버섯 • 252
구름송편버섯 • 226
굴털이버섯 • 202
금빛비늘버섯 • 78
기와버섯 • 224
긴골광대버섯아재비 • 285
까치버섯 • 230
깔때기꾀꼬리버섯 • 59
깔때기버섯 • 116
꽃송이버섯 • 206
꽃흰목이 • 98
꾀꼬리버섯 • 58
끈적긴뿌리버섯 • 30

ㄴ

나도팽나무버섯 • 70
나팔버섯 • 110
난버섯 • 186
넙새무딩비섯 • 268
넓은갓젖버섯 • 165
넓은솔버섯 • 276
노란꼭지버섯 • 281
노란난버섯 • 188
노란다발버섯 • 266
노란달걀버섯 • 34
노란망태버섯 • 54
노란주걱혀버섯 • 106
노랑무당버섯 • 270
노랑느타리 • 65
노랑싸리버섯 • 277
노랑쥐눈물버섯 • 175
노루궁뎅이버섯 • 220
느타리 • 62
능이 • 82

ㄷ

다색벚꽃버섯 • 178
달걀버섯 • 32
댕구알버섯 • 24
독우산광대버섯 • 258
독청버섯아재비 • 248
두엄먹물버섯 • 172
땅송이 • 87
땅찌만가닥버섯 • 39

긴골광대버섯아재비

균심균류 | 주름버섯목 | 광대버섯과

★독성분 불명 ☆유사버섯 우산버섯

구토, 복통, 설사를 일으키는 독버섯이다. 우산버섯과 매우 유사하나 주름살이 분홍색을 띠고, 대의 상부에 턱받이가 있다는 점이 다르다. 또한 모양은 우산버섯과 비슷하며, 턱받이가 있다는 점에서 턱받이광대버섯과도 매우 비슷하나 주름살이 백색이란 점에서 쉽게 구별할 수 있다.

발생 시기 여름~가을 **발생 장소** 침엽수림, 활엽수림, 혼합림내 지상 **발생 형태** 단생 **갓의 지름** 2~6cm **갓의 모양** 난형~종형~편평형 **갓의 표면** 회갈색 **갓의 점성** 있음(습할 때) **대의 높이** 14~9cm **대의 모양** 원통형 **대의 표면** 백색 **식용 여부** 식용불가, 준독성

애우산광대버섯

균심균류 | 주름버섯목 | 광대버섯과

★독성분 불명

독버섯이다. 매운 맛은 없지만 위장장애를 일으킨다고 알려져 있다. 애우산광대버섯은 광대버섯 중에서도 자실체가 비교적 작고, 갓과 대기부에 회색의 분질물이 덮여 있어 쉽게 구별할 수 있다. 여름부터 가을에 걸쳐 적송 또는 침엽수와 참나무 류의 혼합림 내 지상에 산생한다.

발생 시기 여름~가을 **발생 장소** 활엽수 고목이나 그 부근 **발생 형태** 산생 **갓의 지름** 2~5cm **갓의 모양** 반구형~편평형 **갓의 표면** 담회갈색 **갓의 점성** 없음 **대의 높이** 7~12cm **대의 모양** 원통형 **대의 표면** 백색 **식용 여부** 식용불가, 준독성

흰독큰갓버섯

균심균류 | 주름버섯목 | 주름버섯과

★**독성분** 불명

흰독큰갓버섯은 특히 식용버섯으로 유명한 큰갓버섯과 유사하나, 갓의 중앙 부위에 담황갈색의 대형의 막질 인피가 없고, 조직은 상처시에 변하지 않으며, 갓의 조직과 대의 조직 사이에 분명한 경계가 없다는 점에서 쉽게 구별된다. 잘못 먹으면 심한 구토에 시달리게 된다.

발생 시기 여름~가을 **발생 장소** 숲속, 대나무밭, 풀밭 **발생 형태** 단생 **갓의 지름** 8~20cm **갓의 모양** 난형~볼록편평형 **갓의 표면** 백색 **갓의 점성** 없음 **대의 높이** 10~15cm **대의 모양** 원통형 **대의 표면** 백색~갈색 **식용 여부** 식용불가, 약독성

흰꼭지버섯

균심균류 | 주름버섯목 | 외대버섯과

★독성분 불명

여름부터 가을까지 혼합림 내 지상에 산생, 단생 또는 소수 무리지어서 발생한다. 자실체의 전체가 백색이란 점만 노란꼭지버섯과 다르나, 노란꼭지버섯이 성장하여 퇴색이 되었을 때는 다소 혼동될 수가 있다. 섭식 후 몇 시간 안에 위장계 중독 증상이 나타나는 점도 다른 꼭지버섯들과 같다.

발생 시기 여름~가을 **발생 장소** 숲 속의 땅 **발생 형태** 군생 **갓의 지름** 1-5cm **갓의 모양** 원추형 또는 종형 **갓의 표면** 주황색 또는 진한 살색 **갓의 점성** 없음 **대의 높이** 5~11cm **대의 모양** 원통형 **대의 표면** 백색, 회백색 **식용 여부** 식용불가, 준독성

노란꼭지버섯

균심균류 | 주름버섯목 | 외대버섯과

★**독성분** 불명

붉은꼭지버섯과 같은 시기, 같은 장소에서 발생한다. 노란꼭지버섯은 전체가 황색을 띠고, 갓의 중앙 부위에 연필심 모양의 뾰족한 돌기가 있으나 드물게는 떨어져 없는 것도 있다. 섭식 후 몇 시간 안에 구토, 복통, 설사 등 전형적인 위장계 중독증상이 나타나며 심한 경우 탈수상태에 빠져 버린다.

발생 시기 여름~가을 **발생 장소** 숲 속의 땅 **발생 형태** 군생 **갓의 지름** 1-5cm **갓의 모양** 원추형 또는 종형 **갓의 표면** 주황색 또는 진한 살색 **갓의 점성** 없음 **대의 높이** 5~11cm **대의 모양** 원통형 **대의 표면** 백색, 회백색 **식용 여부** 식용불가, 준독성

붉은꼭지버섯

균심균류 | 주름버섯목 | 외대버섯과

★**독성분** 불명

여름부터 가을까지 혼합림 내 지상에 발생한다. 전체가 황적색을 띠고 갓의 중앙 부위에 연필심 모양의 돌기가 있다. 특히 한국 등 극동아시아에서 흔하게 발생하는 종이다. 자실체가 성숙한 후에 퇴색되면 노란꼭지버섯과 혼동할 수가 있다. 향기는 온화하지만 독을 품은 독버섯이다.

발생 시기 여름~가을 **발생 장소** 숲 속의 땅 **발생 형태** 균생 **갓의 지름** 1-5cm **갓의 모양** 원추형 또는 종형 **갓의 표면** 주황색 또는 진한 살색 **갓의 점성** 없음 **대의 높이** 5~11cm **대의 모양** 원통형 **대의 표면** 백색, 회백색 **식용 여부** 식용불가, 준독성

흙무당버섯

균심균류 | 주름버섯목 | 무당버섯과

★독성분 불명

여름부터 가을 동안 혼합림 내 지상에 발생한다. 어릴 때는 반구형이고 끝은 안쪽으로 굽어 있으며, 갓 표면은 황토갈색을 띠는데 성장하면서 황토갈색의 표피층이 코스모스 꽃잎모양으로 갈라진다. 조직은 부드럽고 잘 부서지며 약간 매운 맛이 있다. 독버섯으로 위장장애를 일으킨다.

발생 시기 여름~가을 **발생 장소** 활엽수림의 땅 위 **발생 형태** 군생 **갓의 지름** 5~10cm **갓의 모양** 반구형~편평형 **갓의 표면** 황갈색 **갓의 점성** 없음 **대의 높이** 5~10cm **대의 모양** 원통형 **대의 표면** 담황갈색 **식용 여부** 식용불가, 약독성

애기무당버섯

균심균류 | 주름버섯목 | 무당버섯과

★**독성분** 루스페린, 루스페놀

여름부터 가을까지 활엽수림 내 지상에 발생한다. 갓 표면은 회갈색~흑갈색을 띠고 미세한 털이 밀포되어 있다. 주름살에 상처를 내면 붉은색으로 변했다가 서서히 회색을 띤다. 중독사한 사례가 여러 차례 있는, 매우 치명적이고 위험한 버섯이다.

발생 시기 여름~가을 **발생 장소** 숲속의 땅 **발생 형태** 단생, 군생 **갓의 지름** 6~10cm **갓의 모양** 오목평반구형~깔때기형 **갓의 표면** 백색~회갈색~흑갈색 **갓의 점성** 있음(습할 때) **대의 높이** 3~5cm **대의 모양** 원통형 **대의 표면** 백색~회백색 **식용 여부** 식용불가, 맹독성

노랑싸리버섯

균심균류 | 주름버섯목 | 싸리버섯과

★ 독성분 불명

늦여름부터 활엽수림 또는 침엽수림 내 지상에 무리지어 발생한다. 싸리버섯류 중에는 노랑싸리버섯과 유사한 황색을 띠는 싸리버섯류가 많이 있어 혼동하기 쉽다. 위장과 간에 작용하는 독소를 가진 준독성 버섯으로, 종종 설사를 하나 시간이 지나면 자연 치유된다.

발생 시기 가을 **발생 장소** 숲 속의 땅 **발생 형태** 군생 **자실체의 지름** 7~15cm **자실체의 모양** 산호형 **자실체의 표면** 담황색~황백색 **자실체의 점성** 없음 **자실체의 높이** 10~20cm **식용 여부** 식용불가, 약독성

넓은솔버섯

균심균류 | 주름버섯목 | 주름버섯과

★**독성분** 불명

초여름부터 가을에 활엽수의 그루터기 또는 그 주위에 군생 또는 단생한다. 독 성분은 알려지지 않았지만 가열해도 소멸되지 않는다고 한다. 농업과학 기술원에서는 식용버섯으로 분류하고 있지만 종종 복통과 설사 등 중독사고가 보고되므로 가급적 먹지 않는 것이 좋다.

발생 시기 여름~가을 **발생 장소** 활엽수 고목이나 그 부근 **발생 형태** 단생, 군생 **갓의 지름** 5~10cm **갓의 모양** 반구형~오목편평형 **갓의 표면** 회색,회갈색 **갓의 점성** 없음 **대의 높이** 7~12cm **대의 모양** 원통형 **대의 표면** 백색, 회백색 **식용 여부** 식용불가, 약독성

황금싸리버섯

균심균류 | 주름버섯목 | 싸리버섯과

★독성분 불명

늦은 여름부터 가을까지 활엽수림 내의 지상에 무리지어 발생한다. 전국에서 흔히 볼 수 있는 종이다. 꽃양배추모양이며 분지는 짧고 마르면 조직이 분필처럼 부서진다. 붉은싸리버섯과 마찬가지로 위와 장에 영향을 주어 오식하면 구토. 복통, 설사 등의 증상이 나타난다.

발생 시기 가을 **발생 장소** 숲 속의 땅 **발생 형태** 군생 **자실체의 지름** 4~12cm **자실체의 모양** 나뭇가지형~꽃양배추형 **자실체의 표면** 난황색~황백색 **자실체의 점성** 없음 **자실체의 높이** 5~12cm **식용 여부** 식용불가, 약독성

하얀땀버섯

균심균류 | 그물버섯목 | 끈적버섯과

★**독성분** 무스카린

여름부터 가을에 침엽수림 또는 혼합림 내 지상 또는 산길가에 발생한다. 소화기관, 기관지, 방광, 자궁 등의 평활근을 수축시키고, 여러가지 분비선의 분비를 촉진시키며, 심박수의 감소, 심근 수축력의 억제, 말초혈관 확장, 혈압강하 작용을 하는 무스카린을 함유하고 있다.

발생 시기 여름~가을 **발생 장소** 침엽수림 내의 땅 위 **발생 형태** 산생 **갓의 지름** 2~4cm **갓의 모양** 원추형~돌출편평형 **갓의 표면** 백색~담갈색 **갓의 점성** 있음(습할 때) **대의 높이** 2.5~5cm **대의 모양** 원통형 **대의 표면** 백색~담황백색 **식용 여부** 식용불가, 준독성

붉은싸리버섯

균심균류 | 주름버섯목 | 싸리버섯과

★독성분 불명

늦은 여름부터 가을 동안 활엽수림 내의 지상에 발생한다. 전국에서 흔히 볼 수 있는 종이다. 붉은싸리버섯의 전형적인 특징은 신맛이 나고, 마르면 조직이 분필처럼 부셔진다. 소화에 악영향을 미치는 성분이 포함되어 있어서 잘못 먹으면 메스꺼움, 구토. 복통, 설사 등의 증상이 나타난다.

발생 시기 늦여름~가을 **발생 장소** 활엽수림의 땅 **발생 형태** 군생 **자실체의 지름** 10~20cm **자실체의 모양** 산호형 **자실체의 표면** 담적색~담등색 **자실체의 점성** 없음 **자실체의 높이** 5~20cm **식용 여부** 식용불가, 약독성

흰무당버섯아재비

균심균류 | 주름버섯목 | 무당버섯과

★독성분 불명 ☆ 유사 버섯 푸른주름무당버섯

여름과 가을에 혼합림에서 발생한다. 표면은 습할 때에도 건조하며 둥근 산형이었다가 중앙부가 오목해지면서 점차 깔때기형으로 된다. 체질에 따라 복통, 구토, 설사 등 위장계 중독을 일으킨다. 식용버섯인 푸른주름무당버섯과 형태가 매우 유사하므로 가급적 건드리지 않는것이 좋다.

발생 시기 여름~가을 **발생 장소** 혼합림 **발생 형태** 단생 또는 군생 **갓의 지름** 7~9cm **갓의 모양** 반구형~깔때기형 **갓의 표면** 백색~황갈색 **갓의 점성** 없음 **대의 높이** 3~6cm **대의 모양** 원통형 **대의 표면** 백색 **식용 여부** 식용불명, 약독성

점박이어리알버섯

균심균류 | 주름버섯목 | 어리알버섯과

★**독성분** 불명

혼합림이나 정원, 산길의 지상에 무리지어 발생한다. 자실체는 서양배 모양이며 대 모양을 형성하나 경계는 불분명하다. 표면은 약간 질기고 얇은 단층의 외표피막으로 싸여 있으며, 성숙하면 미세한 인편으로 갈라진다. 식후 30분에서 몇 시간 만에 구토, 설사, 복통을 일으킨다.

발생 시기 여름~가을 **발생 장소** 활엽수림, 특히 밤나무 숲의 땅 **발생 형태** 군생 **자실체의 지름** 2~4cm **자실체의 모양** 유구형 **자실체의 표면** 담갈색~황갈색 **자실체의 점성** 있음 **대의 높이** 0.8~1.8cm(땅속) **식용 여부** 식용불가, 준독성

노랑무당버섯

균심균류 | 주름버섯목 | 무당버섯과

★**독성분** 불명

아름다운 선황색에 속아서는 안 된다. 여름부터 가을까지 혼합님 내 땅 위에 홀로 발생한다. 어릴 때는 둥근산형이었다가 차차 평평해 진 후 나중에는 중앙이 오목해진다. 조직은 흰색이며 습한 날씨에도 점성은 생기지 않는다. 불쾌하고 비릿한 냄새가 나니 가급적 먹지 않는것이 좋다.

발생 시기 여름~가을 **발생 장소** 숲속의 땅 위 **발생 형태** 단생 또는 군생 **갓의 지름** 7~9cm **갓의 모양** 반구형~오목편평형 **갓의 표면** 선황색 **갓의 점성** 없음 **대의 높이** 7~10cm **대의 모양** 원통형 **대의 표면** 녹황색 **식용 여부** 식용불명, 약독성

붉은사슴뿔버섯

균심균류 | 주름버섯목 | 육좌균과

★**독성분** 트리코테센

매우 딱딱한 적색 사슴뿔 모양의 자실체가 다른 종과 쉽게 구별된다. 섭취 후 30분도 안 돼 증상이 나타나기 시작한다. 설사, 발열, 의식장애 등의 심한 중독을 일으키며, 버섯즙이 손에 묻기 만해도 피부에 염증을 일으키기 때문에 만지는 것조차 위험하다.

발생 시기 여름~가을 **발생 장소** 산림내 썩은 나무 그루터기나 땅위 **발생 형태** 군생 **자실체의 지름** 1~9cm **자실체의 모양** 사슴뿔형 또는 석순형 **자실체의 표면** 적등색 **자실체의 점성** 있음 **식용 여부** 식용불가, **맹독성**

냄새무당버섯

균심균류 | 주름버섯목 | 독청버섯과

★독성분 무스카린

표면은 선홍색이나 오래되면 퇴색하여 분홍색을 띠고 습하면 약간 섬성이 생긴다. 약간의 과일 향기가 있고 신맛이 강한 독버섯이다. 생식하면 구토, 복통, 설사 등을 일으키는데 익히면 독성이 약해지며, 최악의 경우 쇼크를 일으켜 사망하지만 보통 몇 시간 또는 며칠이면 회복한다.

발생 시기 봄~가을 **발생 장소** 활엽수나 대나무의 그루터기 **발생 형태** 다발 군생 **갓의 지름** 2~5cm **갓의 모양** 반구형~볼록편평형 **갓의 표면** 황색~녹황색 **갓의 점성** 있음(습할 때) **대의 높이** 2~10cm **대의 모양** 원통형 **대의 표면** 황색 **식용 여부** 식용불가, 준독성

가는대눈물버섯

균심균류 | 주름버섯목 | 먹물버섯과

★**독성분** 불명

장마가 지나간 가을 무렵, 낙엽이 지거나 썩어서 떨어진 가지 주변에서 피어난다. 1~3㎝의 아주 작은 버섯으로 어릴 때는 반구형이었다가 자라면서 원추형 또는 종모양으로 변한다. 식독불명이고 독이 없더라도 소형의 버섯으로서 식용가치가 없다.

발생 시기 가을 **발생 장소** 숲 속의 낙엽 사이 **발생 형태** 군생 **갓의 지름** 1.5~2.5cm㎝ **갓의 모양** 반구형~ 원추형 또는 종형 **갓의 표면** 회갈색 **갓의 점성** 없음 **대의 높이** 7~10cm **대의 모양** 원통형 **대의 표면** 백색~갈색 **식용 여부** 식독불명

노란다발버섯

균심균류 | 주름버섯목 | 독청버섯과

★독성분 트리테르펜 • 파시큐롤 ☆ 유사 버섯 개암버섯 • 나도팽나무버섯

우리나라 버섯 중독 사망의 주원인이다. 복통, 구토, 설사, 경련 등을 일으키며 심한 경우 사망하는 일도 있다. 가을에 나는 개암버섯, 검은비늘버섯, 나도팽나무버섯 등과 착오를 일으켜 중독사고가 날 수 있다. 특히 개암버섯의 바로 옆에서 자라는 경우도 있으므로 정말 조심하여야 한다.

발생 시기 봄~가을 **발생 장소** 활엽수나 대나무의 그루터기 **발생 형태** 다발 군생 **갓의 지름** 2~5cm **갓의 모양** 반구형~볼록편평형 **갓의 표면** 황색~녹황색 **갓의 점성** 있음(습할 때) **대의 높이** 2~10cm **대의 모양** 원통형 **대의 표면** 황색 **식용 여부** 식용불가

파리버섯

균심균류 | 주름버섯목 | 광대버섯과

★**독성분** 이보텐산

광대버섯류 중에서 비교적 작으며 갓의 표면이 습할 때 점성이 있고 외피막의 잔유물인 옅은 황색의 분질물이 산재해 있다. 국내에서는 살충제가 나오기 오래 전부터 파리버섯을 따다가 밥에 비벼 놓으면 파리가 이것을 빨아먹고 죽었다고 한다.

발생 시기 여름~가을 **발생 장소** 적송림내 땅 위 **발생 형태** 산생 **갓의 지름** 3~6cm **갓의 모양** 평반구형~오목편평형 **갓의 표면** 담갈황색~담황색 **갓의 점성** 없음 **대의 높이** 3~5cm **대의 모양** 원통형 **대의 표면** 백색 **식용 여부** 식용불가, 준독성

뱀껍질광대버섯

균심균류 | 주름버섯목 | 광대버섯과

★녹성분 아미톡신

지름 4~13cm 정도로 처음에는 반구형이나 성장하면서 편평하게 펴진다. 중앙과 가장자리에 산재되어 있는 사마귀는 비를 맞거나 오래되면 탈락하거나 너덜너덜해지기도 한다. 오한, 구토 등은 물론 환각, 환청을 유발한다. 더 심하면 혼수상태, 최악의 경우 목숨까지 뺏긴다.

발생 시기 여름~가을 **발생 장소** 활엽수림, 침엽수림내 땅위 **발생 형태** 단생, 군생 **갓의 지름** 4~13cm **갓의 모양** 반구형~편평형 **갓의 표면** 갈회색~암회갈색 **갓의 점성** 없음 **대의 높이** 5~15cm **대의 모양** 원통형 **대의 표면** 회색 **식용 여부** 식용불가, 맹독성

회흑색광대버섯

균심균류 | 주름버섯목 | 송이버섯과

★**독성분** 아니마톡신

어릴 때는 달걀형의 종 모양이었다가 성숙하면 둥근산 모양으로 변한다. 만약 먹었다면 24시간 이내에 구토, 복통, 설사 등의 증상이 나타나고 이러한 증상은 일시적으로 회복된다. 그러나 며칠 후 간과 신장의 세포가 파괴되기 시작하고 간염이나 신부전증 등으로 사망에 이르게 된다.

발생 시기 여름~가을 **발생 장소** 혼합림 **발생 형태** 단생 **갓의 지름** 3~6cm **갓의 모양** 종형~둥근산형 **갓의 표면** 백색~회색 **갓의 점성** 없음 **대의 높이** 8~13cm **대의 모양** 원통형 **대의 표면** 백색 **식용 여부** 식용불가, 맹독성

흰가시광대버섯

균심균류 | 주름버섯목 | 광대버섯과

★**독성분** 아마톡신

 장난끼 가득한 풍치와 애교스런 모습에 속으면 곤란하다. 신경계를 파괴하는 독버섯이다. 중독되면 심한 설사를 동반한 전형적인 콜레라 증상을 보인다. 이 같은 독버섯을 피하기 위해서는 두 가지 행동을 분명히 해야 한다. 1. 확실한 판단이 설 때까지 채취하지 않는다. 2. 함부로 먹지 않는다.

발생 시기 여름~가을 **발생 장소** 숲, 풀밭의 땅 위 **발생 형태** 군생 **갓의 지름** 9~20cm **갓의 모양** 반구형~볼록편평형 **갓의 표면** 백색 **갓의 점성** 있음(습할 때) **대의 높이** 12〜22cm **대의 모양** 원통형 **대의 표면** 백색 **식용 여부** 식용불가, 맹독성

턱받이광대버섯

균심균류 | 주름버섯목 | 광대버섯과

★**독성분** 아마톡신　☆**유사버섯** 우산버섯

자실체는 백색이며, 작은 달걀모양이나 점차 상단부위가 갈라지면서 갓과 대가 나타난다. 여름-가을에 활엽수림, 침엽수림 또는 혼합림 내 지상에 산생 또는 단생한다. 중독증세는 알광대버섯 등 다른 아마톡신이 함유된 버섯과 비슷하다.

발생 시기 여름~가을 **발생 장소** 활엽수림의 땅 **발생 형태** 단생 **갓의 지름** 2-6cm **갓의 모양** 둥근 산형~편평형 **갓의 표면** 회갈색~회색 **갓의 점성** 있음(습할 때) **대의 높이** 4-9cm **대의 모양** 원통형 **대의 표면** 백색 **식용 여부** 식용불가, 맹독성

알광대버섯

균심균류 | 주름버섯목 | 광대버섯과

★**독성부** 아마톡신・팔로톡신

갓 표면은 건조할 때 광택이 있고 습할 때는 끈적기가 조금 생긴다. 서양에서는 '죽음의 모자'라고 부른다. 소독약 냄새가 살짝 풍기는 맹독성 버섯이다. 독성은 독우산광대버섯과 같다. 먹자마자 바로 간과 신장을 파괴하기 시작한다. 한 개 먹은 것만으로도 치명적이므로 절대 채취 금물이다.

발생 시기 여름~가을 **발생 장소** 참나무 등의 혼합림 **발생 형태** 균생 **갓의 지름** 7~15cm **갓의 모양** 계란형~편평형 **갓의 표면** 회녹색, 황녹색 **갓의 점성** 있음(습할 때) **대의 높이** 5~15cm **대의 모양** 원통형 **대의 표면** 백색 **식용 여부** 식용불가, 맹독성

검은말똥버섯

균심균류 | 주름버섯목 | 먹물버섯과

★**독성분** 실로시빈・사일로신

목장말똥버섯과 마찬가지로 목초지의 소나 말의 분뇨 위에 발생한다. 증후는 빠르면 20분 후부터 시작되는데, 술에 취한 것 같은 흥분 상태가 되어 정신 착란, 환각, 시력 장애까지 겪는다. 대개 4시간 정도 흥분하고 난리친 후 잠에 빠지는 경우가 많으며, 후유증은 없다.

발생 시기 여름~가을 **발생 장소** 목장, 잔디밭, 소나 말의 똥 위 **발생 형태** 군생 **갓의 지름** 1~4m **갓의 모양** 종모양~원추형 **갓의 표면** 연한 흑갈색~암갈색 **갓의 점성** 있음(습할 때) **대의 높이** 4.5-8cm **대의 모양** 원통형 **대의 표면** 연한 적갈색 **식용 여부** 식용불가, 약독성

독우산광대버섯

균심균류 | 주름버섯목 | 광대버섯과

★독성분 아미톡신・팔로톡신　☆유사 버섯 흰달걀버섯

 버섯 전체가 흰색이라 어두운 숲속에서도 한눈에 들어온다. 맹독버섯이다. 그것도 매우 치명적이다. 단 한 개 먹은 것만으로도 신장이나 간 등의 내장 조직이 파괴된다. 병원에서 적절한 치료를 받지 않으면 사흘 내 사망한다. 목숨을 건졌다 하더라도 뇌경색 등의 후유증이 남을 수 있다.

흰달걀버섯

발생 시기 여름~가을 **발생 장소** 숲, 풀밭의 땅 위 **발생 형태** 군생 **갓의 지름** 7~15cm **갓의 모양** 원추형~볼록편평형 **갓의 표면** 백색 **갓의 점성** 있음(습할 때) **대의 높이** 14~24cm **대의 모양** 원통형 **대의 표면** 백색 **식용 여부** 식용불가, 맹독성

주름우단버섯

균심균류 | 주름버섯목 | 우단버섯과

★**독성분** 용혈성 독소·무스카린

버섯의 독성은 대개 급성이다. 중독되었다면 치료하면 된다. 그러나 이 버섯의 독성은 만성이다. 한번 치료했다고 독이 모두 제거되는 것이 아니라, 체내에 쌓여있다가 항체를 조금씩 파괴한다. 중독 현상이 언제 재발할지 아무도 모르고, 독성이 아직까지 밝혀지지 않았다는 점도 꺼림찍하다.

발생 시기 여름~가을 **발생 장소** 숲속의 땅 위 **발생 형태** 단생, 군생 **갓의 지름** 4~10cm **갓의 모양** 오목편평형~깔때기형 **갓의 표면** 황토갈색 **갓의 점성** 있음 **대의 높이** 3~8cm **대의 모양** 원통형 **대의 표면** 황색 **식용 여부** 식용불가, 맹독성

마귀광대버섯

균심균류 | 주름버섯목 | 광대버섯과

★독성분 이보텐산・무스카린 ☆유사 버섯 우산버섯・표고

'악마의 버섯'이라고도 부른다. 갓은 회갈색 또는 갈색 바탕에 하얀 사마귀로 덮여 있다. 광대버섯보다 독성이 더 강하다. 구토, 설사, 복통은 물론 시력장애나 정신착란을 일으키게 된다. 비가 온 후 사마귀가 떨어지면 우산버섯이나 표고와 구분하기 어렵게 되니 주의가 필요하다.

발생 시기 여름~가을 **발생 장소** 침엽수, 활엽수림의 땅 위 **발생 형태** 단생 **갓의 지름** 4~25cm **갓의 모양** 둥근산형~오목편평형 **갓의 표면** 회갈색~담갈색 **갓의 점성** 있음 **대의 높이** 5~35cm **대의 모양** 원통형 **대의 표면** 백색 **식용 여부** 식용불가, 맹독성

목장말똥버섯

균심균류 | 주름버섯목 | 먹물버섯과

★**독성분** 실로시빈・사일로신

주로 목초지의 소나 말의 분뇨 위에 발생한다. 중추신경을 자극하는 물질이 환각 증상을 일으켜 웃음을 참지 못하고 알몸으로 돌아다녀도 부끄러움을 모르게 된다고 한다. 그러나 하루 정도 지나면 원상태로 회복되며, 후유증은 없는 것으로 알려져 있다.

발생 시기 봄~가을 **발생 장소** 목장, 잔디밭, 소나 말의 똥 위 **발생 형태** 군생 **갓의 지름** 1.5~3cm **갓의 모양** 종모양~원추형 **갓의 표면** 황갈색~갈색 **갓의 점성** 있음(습할 때) **대의 높이** 5~10cm **대의 모양** 원통형 **대의 표면** 백색~담홍갈색 **식용 여부** 식용불가, 약독성

개나리광대버섯

균심균류 | 주름버섯목 | 광대버섯과

★**독성분** 이보텐산·무스카린 ☆**유사 버섯** 노란달걀버섯·노란난버섯

식용버섯인 '노란달걀버섯'이나 '노란난버섯'으로 혼동해 중독 사고의 보고가 끊이지 않는 맹독버섯이다. 먹고 나서 24시간 내에 구토, 복통, 설사의 증상이 나타나기 시작한다. 그러다가 일단 가라앉고 난 후 며칠 후부터 장기의 세포가 파괴되면서 최악의 경우, 죽음에 이른다.

노란달걀버섯 노란난버섯

발생 시기 여름~가을 **발생 장소** 침엽수, 활엽수림 내의 땅 위 **발생 형태** 단생, 산생 **갓의 지름** 3~7cm **갓의 모양** 원추형~편평형 **갓의 표면** 황색~담황색 **갓의 점성** 약간 있음 **대의 높이** 16~11cm **대의 모양** 원통형 **대의 표면** 백색~담황색 **식용 여부** 식용불가, 맹독성

화경버섯

균심균류 | 주름버섯목 | 송이버섯과

★**독성분** 일루딘 ☆**유사버섯** 느타리·표고

밤에 주름살이 청백색의 야광을 발하는 특징이 있다. 초여름, 또는 가을에 주로 참나무의 쓰러진 고목에 군생하지만 너도밤나무나 단풍나무, 전나무에서도 발생할 수 있다는 점에서 주의가 필요하다. 주로 소화 기계의 중독을 일으킨다. 과거에는 사망 사례도 있으니 극히 조심해야 한다.

발생 시기 여름~가을 **발생 장소** 활엽수, 특히 참나무의 고목 **발생 형태** 군생 **갓의 지름** 5~9cm **갓의 모양** 반원형 또는 콩팥형 **갓의 표면** 황등갈색~자갈색~암갈색 **갓의 점성** 없음 **대의 높이** 1.5~2.5cm **대의 모양** 원통형 **대의 표면** 백색 **식용 여부** 식용불가, 맹독성

광대버섯

균심균류 | 주름버섯목 | 광대버섯과

★독성분 이보텐산·무스카린

여름부터 늦가을에 주로 자작나무과의 나무 밑 지상에서 발생한다. 갓 표면은 점성이 있고 선홍색 전면에 백색의 사마귀가 있다. 예전에는 파리를 죽이는 살충제로 사용되었던 적도 있다. 사망까지 이르지는 않지만, 무스카린은 심장을 저하하는 작용이있어 심장마비 등을 초래할 수 있다.

발생 시기 여름~가을 **발생 장소** 침엽수, 활엽수림 내의 땅 위 **발생 형태** 군생 **갓의 지름** 6~15cm **갓의 모양** 반구형~편평형 **갓의 표면** 선홍색~등황색 **갓의 점성** 있음 **대의 높이** 10~24cm **대의 모양** 원통형 **대의 표면** 백색 **식용 여부** 식용불가, 맹독성

Chapter 2
독버섯